你在怕什麼？

陳世榮／口述
曾小歌／整理

Contents

第一部曲：捨科技高峰，走向海闊天空

第二部曲：享受人生，而不是忍受人生

第三部曲：「考試」高手，用學習擴展人生

第四部曲：想要快速致富，大膽創業吧！

第五部曲：無趣的人也可以變成行銷高手

第六部曲：體貼的人反而善於領導

第七部曲：貫徹長期計畫、善用零碎時間就是執行力

第八部曲：夢想放眼天下，目標設定踏實

序言

從前有一個國王，添了一個非常漂亮的小王子。孩子洗禮的那一天，有十二個仙女受上帝的派遣前來祝賀，每一個仙女都帶來了珍貴的禮物。

第一個仙女帶來的禮物是「智慧」，國王很高興地收下了。第二個仙女帶來的是「珍寶」，國王同樣高興地收下了。第三個仙女帶來的是「力量」，第四個帶來的是「財富」，第五個帶來的是「英俊」，第六個帶來的是「情感」，第七個帶來的是「健康」，第八個帶來的是「朋友」，第九個帶來的是「愛情」，第十個帶來的是「知識」，第十一個帶來的是「關懷」，國王都非常高興地一一收下了。

但是，到了第十二個的時候，國王愣住了，因為她帶來的禮物是「不滿」。

國王認為，我的兒子什麼都不缺少，要什麼有什麼、想什麼來什麼，怎麼可以讓他「不滿足」呢？他立刻拒絕了第十二份禮物，甚至把那個仙女逐出門去！

隨著歲月的流逝，王子漸漸長大了，終於繼承了王位。這時，他外貌英挺、性情溫和、身體健康，可是卻沒有因不滿而產生追求未來的雄心壯志，也沒有因為不滿而產生建功立業的偉大抱負。他對國家大事從不設法改革創新、勵精圖治；對待碌碌平庸的大臣，也得過且過，睜一眼閉一眼；久而久之，因為慵懶怠惰且不思進取，於是，國家就落後了、窮困了，再也沒有什麼戰鬥力，終於被鄰國併吞了。

當他的國家被消滅的時候，老國王還沒死。面對災難，他幡然醒悟，原來是自己把上帝送給兒子的最珍貴禮物——「不滿」拒絕了，才造成姑息、墮落和毀滅。

台灣老一代的企業家——新光集團創辦人吳火獅先生說過：「維持現狀，就是落伍。」意即成功必須有創新的精神，才能在競爭激烈的市場突圍而出，成功締造一片屬於自己的藍海商機。光是守成而不居安思危、不敢冒險而只求穩定，很快的就會被有野心的企業比了下去。所以，人應該追求更高更大的目標、存有更深更遠的夢想，才可能「取法乎上，得乎中」。

長久以來，「人生不設限」一直是我的原則。惟有不滿足小小的成就，敢想敢夢，才能向上提升、超越顛峰。我一向對謹守「小確幸」就沾沾自喜的思維，非常不以為然。任何人的成功都源於艱苦奮鬥，沒有一項榮譽是可以不付出一滴汗水而輕易得到。在我們的成長經驗中，一直印證著一項事實：如果不給自己設限，人生就沒有跨不出的藩籬。如果你是鐵砧（或捕手），可以穩穩保固自己；如果你是鐵鎚（打擊者或投手），就得盡力發揚自己。但是，真正成功之後，大家只記得投手或打擊者，沒人記得捕手！

逆風的方向，更適合飛翔；不怕萬人阻擋，只怕自己投降。現在大家都稱我為億萬富豪，怎知我也是苦過來的？從小的家境不好，更使我懂得力爭上游。因為我知道，沒有退路，就要自己找出路。我從逆境的「不滿意」中，汲取到成功學的營養，慢慢由徒步→腳踏車→摩托車→汽車，由小學→中學→大學→研究所，不斷放大自己的目標，沒有最好，只有更好！我的人生永遠不設限，永遠向上提升！因而造就了今日的我！

人們總是問我，何以捨棄一個「科技菁英」穩定的生活，要出來為理想（或夢想）而創業？我想，年輕是我們唯一擁有權利去編織夢想的時光。只有敢於向自己提出偉大的目標，並以全部力量為之奮鬥的人，才是幸福的人。成功，不就是為了幸福嗎？惟有敢於冒險，美好的生命才會充滿期待、驚喜和感激。當你能飛的時候就不要放棄飛，當你能夢的時候就不要放棄夢，當你能愛的時候就不要放棄愛。這就是我對人生的告白。追夢、築夢、織夢、圓夢，需要的是膽識！

大家常說「人因為有夢想而偉大」，其實真正偉大的是不斷努力實現理想、夢想的過程。本書只是提供一個可供參考的樣本而已。

原本無意出書，但是曾來採訪過我的名記者方宗廉兄，擔任財經傳訊編輯後，認為我的奮鬥歷程以及創業理念，非常值得年輕朋友借鏡，多年來一再敦請我出版這本書，我深為他的殷勤懇切所感動。尤其出版社建議由我口述，由台灣暢銷書作家曾小歌執筆，更使我有義不容辭的感覺。讀過小歌的其他著作，使我對他的寫作能力相當放心。其次，本書的出版，也承蒙師長及事業夥伴的期待與祝福，更是銘感於心。是為序。

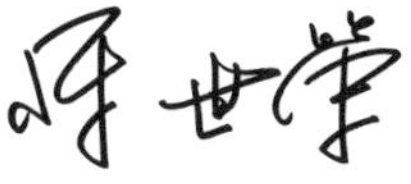

第一部曲

捨科技高峰，走向海闊天空

參與經國號戰機研發，獲國防部頒「傑出貢獻獎」

我的人生中最光榮的一頁，開啟於參與經國號戰機的研發。我大學畢業就考上「中山科學研究院」（即中科院）。當時擔任參謀總長的郝柏村先生希望國人能自製戰鬥機、自製飛彈（雄蜂、天弓飛彈），於是衍生出一個「國防役」的計畫，就是希望國內優秀的、有理工專長的大學生，畢業後不用服役，而是進入國防部中科院各單位工作，以代替兵役。

我是第三屆的科技預官，當時是穿便服上班的。一九八五年，我被分發到台中的「空軍航空工業發展中心」（航發中心），服「國防役」，這是「漢翔航空」的前身。我很榮幸的參與了研發經國號戰鬥機（IDF）的案子，那是我第一份工作。

當時，我帶領著一個軟體的測試小組，覺得非常幸運。為什麼感到這麼光榮呢？並非我們的貢獻特別大，而是我覺得，在經國號戰鬥機工作期間非常辛苦，試飛過程更是危險，還有一位試飛員甚至殉難了。歷經千辛萬苦，ＩＤＦ經國號戰鬥機終於試飛成功，大家都很感動。因為惟有試飛成功，才能開始量產。

經國號戰鬥機的軟體功能非常特別，這種戰機包括前機身、中機身、後機身、左機翼、右機翼。上面有很多的訊號線、電源線、試飛線，都必須接到電腦，接到控制面板。這是一種飛機的「線束」系統，絲毫馬虎不得。這些線路的生產，一點也不能出錯。何況這些線束的接頭非常大，和一般情況不太一樣。做完之後，還要經過我們的測試，而且當裝上飛機時，又可能被機上的某些工具鑽孔時弄破。此外，在安裝雷達等各種空用電子裝備時，也都要經過測試，才能試飛。如果一點點小小的細節沒做好，一燒燬可能就損失幾百萬美金！我當時帶領的就是這個系統的測試小組。

我所帶領的線束系統小組的成立，有它的時空背景，特別要感謝擔任我們航發中心主任的空軍重量級人物、過去曾經飛過「黑貓偵察機」的華錫鈞上將。他任內就是因為參與經國號戰機研發有功，被譽為「ＩＤＦ之父」，後來並兼任中山科學研究院副院長，甚至也因此晉陞空軍二級上將。他以上將之尊來領導我們，給我們很大的支持。因為經國號戰機的設計是由 F-16 戰鬥機改良而來，很多裝備系統也都不一樣，所以我們有很大量的「研改」工作，是由許多單位同時進行的。

由於改變的幅度很大，改來改去，到底會變什麼狀況都不知道。大家的壓力都很大，必須要非常的謹慎和仔細，不能有任何閃失！當時我們就覺得必須有一套這樣的系統，來負責、掌握所有上游研發的結果，做最後的安全性確認。所以，我們就研發用C語言開發一套新的軟體。當初我們的時間壓力很大，當廠長向華上將報告，我們需要做一些改變。雖然美國通用動力（GD）公司的顧問都是反對的——因為這是一套全新的東西，他們沒有把握可以做好；而非常意外的是，華上將卻特別支持我們。

記得試飛成功之後，有一個莒光日的教學活動中，華上將在致詞時說：「大家辛苦了，經國號戰鬥機終於試飛成功，要進入量產了，這是我們共同的成就。………」

說到這裡，他突然話鋒一轉，隨即說：

「特別感謝介壽三廠的 DITMCO 小組！」

這正是我帶領的小組！

我不知華上將為什麼突然提到我們，當時也讓我嚇了一跳。同事們轉頭看著我，我則呆坐著、紅著眼眶，不敢激動地大聲哭出來！不過，我知道，如果我是軍人，一定會得到獎章，可是，我當時只是一個科技預官。華上將這番公開的表揚話語，頓時讓我感到：這是我這輩子最光榮的時刻！

後來，我開發的這一套軟體，拿到了國家的專利。我也獲得一張郝柏村先生頒贈的「傑出貢獻獎」獎狀。

回憶當時的研發過程真的很艱苦，毫無頭緒，既不會寫也不會弄，何況還經常要和其他單位配合，在飛機上整合做測試。飛機上還有各單位的專業小組，有負責電氣的，有負責航電的，也有負責飛行控制的。這樣大的工程，需要由很多部門的總工程師協調，所以可說是一個非常複雜的案子。當時，時間壓力很緊迫，我們都是上午八時就開始上班，直到凌晨兩、三點才能休息。

我媽媽是個文盲，但她非常以我在中科院工作為榮，逢人便說「我的兒子是在研究院上班哦！」

媽媽雖然知道我努力在上班，可是她卻老是問我：「你怎麼每天都加班到這麼晚？是不是你比別人笨啊？」讓我又好氣又好笑，真是有苦說不出！當年我們加班，是沒有領加班費的，甚至連颱風天淹水或放假日，我們都會主動回到單位加班。

只為趕上進度，兇同僚逼屬下磨自己

燧石受到的敲打越厲害，發出的光就越燦爛；人的生命，似洪水奔流，不遇著島嶼和暗礁，難以激起美麗的浪花。印度詩人泰戈爾也說：「只有經過地獄般的磨礪，才能淬煉出創造天堂的力量；只有流過血的手指，才能彈奏出世間的絕唱。」

我們在中科院的努力奮進、敬業精神，可說是一步一腳印，戮力從公、公而忘私，相較於現代某些所謂只要求「錢多事少離家近」的懶人思想，可說天淵之別。然而，「先苦後甘」與「先甘後苦」，究竟何者為優、何者為劣，往往也是一個人智慧抉擇的分野。其中功過如何，很難一概而論。不過，卻令人想到一個網路笑話：

某位舉世知名的「富二代」名人，在人間享受了縱情娛樂、無所事事的日子之後，由於一次酒駕車禍，在三十多歲就不幸去世了！他到了閻王殿，見到了閻羅王。

閻羅王表示，因「富二代」的祖父和爸爸在世時從事地方建設，對社會有莫大貢獻，所以憑藉著上一代的餘蔭，特別批准他自己選擇上天堂還是下地獄。

富二代：「我可以先去看看兩邊的環境嗎？」

閻羅王：「可以。」

於是，富二代先到天堂，看到的和人間沒兩樣，而且還異常沉悶。

接著，閻羅王就帶他到地獄看看。

在地獄裡，他發現每個人都高高興興的在玩樂，喝酒、賭博，可以說愛怎麼樣就怎麼樣，和他在人間時過的是一樣「錢多事少離家近」、非常奢華享受的生活。

於是，富二代不加思索地就說：「我選擇地獄。」

不久，富二代就下地獄了。

過沒多久，閻羅王再去地獄巡視，看到富二代正在受刑。

富二代看到閻羅王就大叫：「閻王大人啊，怎麼回事啊？地獄不是享樂的嗎？我卻每天都在受刑ㄟ！」

閻羅王不慌不忙的說道：「哦，那個你當初看到的，是我們的 DEMO（試用版）。」

在這艱苦的作業過程中，讓我學習到什麼呢？

「一流的人才搞研發，二流的人才搞管理，三流的人才搞業務。」這是當時我的想法（後來證明是不正確的），我們確實是一流的人才，是頂尖中的頂尖！不過，即使如此，當我們在寫軟體時，其實經常有無法解決的難題，只好向外尋找專家求教，可是，問到了最強的高手，對方也往往不會。只好反求自己、再三思考鑽研，設法作出更大的突破。因為我們不僅要用程式來控制裝備，而且還要和飛機來做連結。這種準確度的要求，是很讓人戒慎恐懼的事，稍一不慎，就會燒掉幾百萬美金；如果導致飛機失事，更是難以承受的責任！一架飛機是幾億美金的資產，豈是我們所能負荷的！

若問到我當時如何克服巨大的壓力？可以說就是硬撐。我的眼睛本來就已經近視了，還一直發炎，連寫軟體的手也發炎了，非常可憐。我就用熱毛巾去敷眼睛，一邊流眼淚，一邊寫程式。吃飯、走路時，都在想程式如何解決。那時我們的工作都只能獨立作業，根本沒有老師可以請教，因為已經問不到比我們更厲害的高手了。在這個專業領域中，當時全台灣只有我們是最高階的菁英了！當然，我們裡面其他單位也有高手可以互相交流，但大家都有各自無法克服的難題要解決。大家的壓力也很大，一切仍然要靠自己！

我本來是被綁約四年的國防役「科技預官」，後來又簽了兩年，所以總共擔任了六年，那時算是軍職，官拜上尉。一九九一年退伍以後，我又續留在中科院服務，轉任文職，算是國防部的科技聘員，所以總計在這個領域一待就是十一年！

話說我當年在擔任小組長、拿到「傑出貢獻獎」之後，就被破格晉升為課長。後來ＩＤＦ

戰機試飛成功，開始量產。我是航空電子管制課最年輕的課長。我們的團隊，大約有十人左右。由於涵蓋電機、電子各個層面，還有上下游的工作關係、其他單位的整合，所以經常要開會交流。

在與其他單位協調時，也發生過很多的趣事。例如下游的單位有交貨的時間壓力，而上游尚未完成，常會讓下游的當事人發飆。由於他們有更大的交貨時間壓力，所以不得不催促上面的單位「動作要快」，因為最後的行程可不能被 delay！

我記得當時常常寫「備忘錄」，去「打」上游的對方：「嘿！怎麼東西還沒到？搞什麼飛機！」

基於工作的時間壓力以及嚴格要求，我常常去「兇」對方。沒想到，最後對方的主管竟然被調到我們這邊來當廠長。哈哈，這下好玩了！他上任的第一件大事就是來看我：「喔哦！原來你就是……陳、世、榮哦！」

原以為這下子準死無疑了！沒想到他毫不在意，反倒很欣賞我，認為我勇於任事，是個有責任感的好咖。事實上，也是如此，我是小組長，該完成的任務，本就是小組長與小組長該聯繫的，但因對方拖拖拉拉的，做得太慢了，我都直接把「備忘錄」發給他們的組長，提醒注意。他們的組長，官職都是超級大的，很多都是官拜上校。當時我的想法是：做事歸做事，官階是其次，就事論事、完成任務重於一切！

每當我又在盯著工作進度發飆時，他們的組長看到我傳過去的備忘錄，就會去罵小組長「為什麼還沒把工作搞定！」挨了排頭的小組長就會向我們嗆聲：「幹嘛一直發這些訊息過來？」

我就說：「就是因為你們一直拖拖拉拉、沒按時交卷，才害我們來不及完工呀！當然要修理你們！」

與主管相處？做最好的建議，不介意最爛的選擇

說到這裡，常常有人問我，同事之間或許比較好溝通，那麼我們應該如何與主管相處呢？

我想，每個人的個性都不太一樣，因此不妨先搞清楚主管的領導風格，再決定如何和他應對。有關人領導風格的分析，不妨參考所謂的DISC個性測驗。D是**Dominance**（支配性），I是**Influence**（影響性），S是**Steadiness**（穩定性）、C是**Compliance**（服從性），這是國外企業廣泛應用的一種人格測驗，用於測試、評估和幫助人們改善其行為模式、人際關係、工作績效、團隊合作、領導風格等。懂得每個人的差異性，就能平衡相處。

ＤＩＳＣ個性測驗由二十四組描述個性特質的形容詞構成，每組包含四個形容詞，這些形容詞是根據支配性（Ｄ）、影響性（Ｉ）、穩定性（Ｓ）和服從性（Ｃ）四個測量維度以及一些干擾維度來選擇的，要求被測試者從中選擇一個最適合自己和最不適合自己的形容詞。測驗大約需要十分鐘左右。

對一個團隊來說，領導者對於團隊具有直接和間接兩種影響力。直接的影響在於：團隊管理者可以透過發布管理準則或政策的方式，來管理團隊，這種作用是每一個團隊顯而易見的。

但是，我們都不可能否認，領導者通常對他的團隊都具有某種間接的影響，這種間接的影響通常來自於領導者的言談舉止，我們用ＤＩＳＣ的語言來描述這種間接的影響就是「領導者的個人行為風格」。

我們每個人都具有行為調整的主觀能動性，並且期待一個領導者可以成為一名「情境化的領導者」。雖然管理的風格千變萬化，但是，通常我們還是從ＤＩＳＣ四個因數所代表的四種典型管理風格出發，去研究管理能力並分析主管的管理風格。

第一種是「指揮者」（Director）管理風格，傾向於表現獨斷獨決的個人風格。具有這種管理風格的領導者，通常要求較高、缺乏耐心、他們不會容忍挑戰，反而會立即回應、強調自己的立場，用以避開任何可能的威脅。

第二種是「說服者」（Persuader）管理風格，傾向於建立友好開放的團隊氣氛，最想建立良好的團隊關係。這種領導風格經常會掩蓋了某些事實，但是，我們必須說明，這種領導風格也是非常獨斷、主動的一種風格。當他們意識到某些團隊成員有意識地利用這種非正式的管理風格時，他們往往也會表現出意外的態度。

第三種是「支持者」（Supporter）管理風格，傾向於為整個團隊提供服務或支持，而不只是指揮而已。當他們意識到自己的領導地位時，常會積極建立起與團隊成員的互助關係，如果有需要，他們會挺身而出提供他能力範圍的支持；另一方面，他們也同樣期待團隊成員的支持。

第四種是「思考者」（Thinker）管理風格，傾向於利用計劃與結構進行領導。這是一種高效溝通與積極尋求人際關係的團隊典型，他們常會建好規則、次序與結構來管理團隊，雖然會較少個人魅力，但他們的管理力度卻不見得比較小。因為他們要求精確與確定的訊息。

我自己一向秉持的是「實事求是」的態度，從實際情況出發，不誇大，不推諉，且會正確地看待與處理問題，努力把事情做好。後來我在上班時期，總是秉持一句名言為法則：**「有法依法，無法循例」**，如果無法也無例，那就依長官的意思來做。我的做事原則，就是說，在不違法的前提下，多半遵照過去的例子以及長官的意圖。

如果碰上比較有爭議的事情，我會上簽呈（留下證據）。當然，我會先做方案的分析。我會告訴長官說，「方案一」有什麼優缺點；「方案二」有什麼優缺點；「方案三」有什麼優缺點……。然後，我會建議採用「方案×」，也就是用「擬辦」的方式，將我的見解提供給長官，讓長官可以去作決定。我認為長官必定有他的制高點和考量，是我們做下屬的所不知道的。畢竟長官也承受比較高的壓力。由於眼界和目標的不同，我們很難想像長官要的是什麼。可是，站在我們自己的位置、權責上，我們也要把相關的工作做好！做一個比較完善的評估分析，目的就是讓長官比較好作決策。

話說回來，在軍中，長官是無法選擇的，有些長官是「官大學問大」，甚至一天到晚找你麻煩；也有些長官是完全不管事的；更有些是會「挖個洞給你跳」的。我們難免會碰到各式各樣的長官。至於好的長官，則是你的貴人，他會給你機會表現，甚至給你深造的機會。像我當年的長官，就很會栽培我，讓我用公費的方式去讀研究所，所以我認為，不論長官是苛責你的、培養你、無微不至地讓你可以發揮的，都是我們的貴人。因為這都讓我們有不同方面的學習，而在我們未來自己當長官時，也能知道部屬自己的看法；而不是當了長官之後，就忘了自己以前當人家部屬的痛苦。

有一家小公司，老闆招聘雇員，有三人前往應徵。

老闆對第一位應徵者說：「這是一道執行能力的考驗：在我們的公司樓梯間有一個玻璃窗，你去用拳頭把它擊碎。」

應徵者立刻聽命行事，一拳揮過去。所幸那不是一塊真玻璃，不然他的手就會嚴重受傷。

老闆又對第二位應聘者說：「這是一道執行能力的考驗：我手上有一桶髒水，你把它拿去潑到女清潔工身上。她現在正在樓道拐角處那間小屋裏休息。你不要說話，推開門潑到她身上就是了。」

這位應徵者提著髒水出去了。他找到那間小屋，推開門，果然看見一位女清潔工坐在那裏。他不說話，猛然把髒水潑在她頭上，回頭就走。然後，去向老闆交差。老闆此時告訴他，坐在那裏的不過是個蠟像而已。

最後，老闆對第三位應徵者說：「大廳裏有個胖子，你去狠狠搥他兩拳。」

這位應徵者說：「老闆，對不起，我沒有理由去打他；即使有理由，我也不能用打人的方法完成任務。也許我會因此不被您錄用，但我也不能執行您這樣的命令。」

這時，老闆宣布，第三位應徵者通過考驗，被聘用了。理由是：他是一個勇敢的人，也是一個理性的人。他有勇氣不執行老闆的荒唐命令，當然也更有勇氣不執行其他人的荒唐命令。同時，他是個腦筋很清楚、做事有主見的人。將來對老闆正當的命令，必然會堅持到底、全力以赴。

如果重來，一定妥善處理人的情緒

從前我的個性也是很急。記得當年在經國號戰機工作時期，也一度被指「很凶」、很會罵人，那時覺得自己很優秀、很厲害，因為那麼年輕就坐到很高的職位，還身為很多官階不小（中校或少校）同袍的主管，難免年輕氣盛，所以當我的部屬真的很可憐。我初為公司主管時，也曾把一位員工罵到哭。如果問我當初為什麼會那樣，我也不明白，總是覺得自己很驕傲，似乎高人一等。當時，我都懶得和資質差的員工溝通。總是說：不要問那麼多理由！照我的意思去做就是了！少廢話！

回憶起來，有時我們是對事不對人，但結果往往會適得其反。因為如果沒把對方的「心情」處理好，他的「事情」可能也沒辦法做好。軍中是以「服從」為天職的，部屬在我們面前通常是

「敢怒不敢言」，只因你掌握他的「考績」的生殺大權，不過他表面聽從，事實上內心一定不爽，在懷恨於心的情況下，事情自然不會如你所想的做得那麼好。

我以前在大學兼任講師，教導的科目是「資料處理」及「管理資訊系統」，這兩科目是學生必修的課目，而且必須及格才能畢業，所以是很重要的課程。因為課程很重要，我認為學生應該要認真上課，但是，仍然會有學生的學習態度不佳。我自己因為對學生的要求較高，在課堂上授課時，那些上課不認真的學生，也會影響我的心情而加以責備。但是有一些坐在比較前排的學生，上課態度是相當認真，他們用非常期待的眼神看我，好像也在提醒我：老師啊！不要理會那些不認真的學生，看看我們吧！我從他們眼裡，也領悟到這才是一群我必須特別照顧的學生。於是，我的態度做了些改變，開始調整焦點，不再去計較那些不認真的學生，而是專注教導那些認真的學生，真是應了那句話：「師傅領進門、修行在個人」啊！

年輕，往往缺乏的正是這種閱歷。直到年紀越來越大，就會發現，其實「做人比做事更重要」。這不意味不必把事情做好，或只要逢迎拍馬，去搞一團和氣；而是我們一定要把事情做好的同時，不論面對我們的長官或部屬，都要考慮對方的情緒。我們一定要和對方心平氣和地溝通。好比我們在退掉部屬的簽呈或專案報告，要求他做一些改進時，也應把理由講清楚，不要讓他覺得自己是用「權勢」壓人。

所以，我奉勸大家，在邁向成功的階段，都要修身養性，要明白：成功處理任何事，「人和」是更重要的因素！

讓成功發生「視網膜效應」

其實，一個人的人生「挑戰」是無處不在的。哪能因為怕吃苦就耽誤工作、延宕上級交給我們的任務呢？對於一個有責任感的人來說，吃別人所不能吃的苦，忍別人所不能忍的氣，做別人所不能做的事，才能享受別人所不能享受的一切。

我提到當年因「年輕氣盛」對別的單位也要求高度配合，也許有的人會不以為然。我必須說，我的目的是鼓勵「社會新鮮人」在年輕時一定要懂得「吃苦」、「負責任」、「使命感」的重要。

心理學上有一個名詞叫做「視網膜效應」，這是說：當我們自己擁有了一件東西或一項特徵時，就會更加注意別人是否跟我們一樣具備這種特徵。

例如當你買了一輛墨綠色的車子而沾沾自喜時，卻突然發現，不論是在高速路上，還是在小巷子裏，甚至是自己住的大樓停車場中，常常見到同型同色的轎車；又如一位女同事正好懷孕，聽我表達這種想法後就搶著說：「我倒是沒有看到很多墨綠色的轎車，不過我發現，現在孕婦很多。上星期，我去逛百貨大樓，短短一個下午就看到六個孕婦。」而她說的這種現象，其實可能只是湊巧而已！

卡內基先生很久之前就提出一個論點，即每個人的特質中有八〇%是長處，而二〇%左右是我們的缺點。當一個人若只知道自己的缺點，而不知發覺優點時，「視網膜效應」就會促使這個人發現他身邊也有許多人擁有類似的缺點，進而使他的人際關係無法改善，生活也不會快樂。

一個人要人緣好、要受人歡迎，一定要有欣賞自己和肯定自己的能力。因為在「視網膜效應」的運作下，一個看到自己優點的人，才有能力看到他人的可取之處。而能用積極的態度看待他人，這往往是人際關係好的必備條件。

所以，我用年輕時不怕吃苦的做事態度，旨在鼓勵年輕人要有使命感，相信這對未來的你將有很大的幫助。如果老天一直在下雨，就沒有彩虹；如果天天陽光普照，也不會有彩虹。可是在雨過天晴後，彩虹就有可能出現。

我的個性是屬於「忠心愛國」的那種人，一向感恩國家的栽培。我對人對事，也是凡事感恩。我的人生觀是這樣的：別人對我們不好，是應該的；非親非故，我們有什麼理由要求別人對我們好呢？而如果別人對我們好，那就是我們「賺到的」，必須感恩。這就是我的人生價值觀。

當年我在中科院，那是屬於國防部的軍職，「服從」自是理所當然。當時是「任務」導向，有什麼事情，都要集中心力把它做好。不論長官叫我們做什麼事情，也都要盡全力把它做好。這是從前長期以來的養成教育。不論個人的價值觀和生活方式都是如此。

從前我在軍中，是很凶悍的，因為我自己對長官也是很有服務和敬業的精神，這是一種負責的態度。同樣的，我也會對部屬非常非常的嚴格。這種作風自然是不討人喜歡的長官啊！有人會這樣想，「你又不是我的老闆，只是我的長官而已！大家都是國家的員工，憑什麼這樣管我？」

對部下嚴格的態度，後來當我開始經營「零風險事業」時（在美商生活用品公司，以內部創業的模式，創建行銷該公司商品的行銷平台），就必須做很大的改變。那就完全是不一樣的環境了。在那兒，大家都是來做「老闆」的。大家都是獨立的事業代表，大家都一樣「大」！我們的事業夥伴，實際上是合夥關係。我們沒有比別人了不起，也沒發工資給他，怎麼能把別人當成部下呢？反過來說，我們都是來幫助他人完成目標的。所以來到「零風險事業」，「成功學教父」拿破崙．希爾對我的啟示和影響相當大。在我們這裡，想要成功，就必須規畫自己的時間，再一步步邁向成功。作為一個「上級」，我也是要投資自己的時間，時間就是我們的生命。我們是用生命在做事業的！所以，我認為，對於承諾要用時間來經營這個事業的人來說，所有的不準時、推拖時間，都是非常可惜的事。人生這麼短暫——才幾萬個日子，不好好善用，真的是浪費！

想要邁向成功的人，不可怕吃苦，這絕不是唱高調。因為從長遠來說，只有經歷人生的種種磨難，才能悟出人生的價值；從近處來說，經驗是由痛苦中淬取出來的。一個人做任何事，必須要有周詳的計畫，再按照計畫逐步執行，就能達成預定的目標。如果沒有長期的訓練，以及事先的準備，臨時抱佛腳，或邊想邊做、邊做邊想，那就沒有成功的一天。

舉例來說，台灣因為沒有英語的環境，所以要讀好英文是很難的。過去我們的教育方式多半是「填鴨式」的考試模式教出來的。所以很難培養一個說寫英語都很流利的人才。除非自己上補習班刻意加工苦修。

我在中科院參與科技研發時，都是「任務導向」，不管位階，也不計成本，就是要把成品做出來。雖然過程很辛苦，卻有極高的代價。因為有關飛機的事務，是一個非常先進同時比想像中更複雜的工程。例如光是雷達的系統，就有一堆人在負責。我們當時有一些外國駐廠顧問，我的英語讀寫能力原本就很好，常用英文和他們溝通事情。在不斷練習中，我的英語能力就變得更流利了。這對我後來考研究所和創業時，也有很大的幫助。尤其在做「零風險事業」時，由於績效非常高，曾在二〇〇六～二〇一二年連續五度蟬聯「年度風雲人物」，於美國年會接受表揚時，對著台下一萬個人，我就是以英語發表演說。

一九九二年，我才三十歲，就被破格升為航空電子廠的副組長，那可是相當於國營企業十一職等官員的位階，真是不可一世！當時我是第一個以副組長身分，用公費生考進交大唸「工業工程與管理」研究所的人。以前我們單位從來沒人考得上，因為考前資格審核至少必須「考績優等」；而「考績優等」的多半是大官；而大官們不是很忙，就是很老，怎麼考得上？當時沒什麼在職專修班，而是要完全憑真本事去應考的。記得那年被核准下來，距離考期只剩一百天不到了。使我想到從前考大學聯考時的辛苦情況。下班之後，就得拚命地K書。一九九三年，我是留職帶薪去讀研究所的。一九九五年，我就畢業返回原單位貢獻所學，不到半年就升任組長。所以，「吃得苦中苦，方為人上人」，只要你願意吃苦，未來的「成功」就不是「可望而不可及」的事了！

當然，時代不斷在演變中。現代的大學不再像從前那麼難考了。有些大學甚至是招不到新生。求學深造，不再是沒錢人或不用功的人難以進入的「窄門」了。但是，現在要成功，反而不能只靠學歷了。不靠學歷靠什麼呢？經驗可能更重要。因為經驗和判斷，是幫助我們飛向成功的一雙翅膀。經驗和判斷，則有賴於正確的抉擇。

從前有個「遺棄老人」國，凡是人民到了年老的時候，依法必須被遺棄到深山裡，任由自生自滅。

但是，該國國內有一位孝順的大臣，不忍心遺棄年邁的父親，於是私自挖了地道，建築一間密室，讓父親得以安享天年。

有一天，天神出現了，手中抓著兩條蛇，威脅國王說：「如果你無法分辨這兩條蛇的雌雄，將會遭到滅國的命運。」

國王大為驚恐，緊急召來大臣商量對策。可是沒有一個人有辦法解決，國王只好張貼公告：只要有人可以辨別雌雄的蛇，可獲得大量金銀財寶的賞賜。

孝順的大臣得知消息後，將這件事稟告父親。他的父親聽後，很有自信地說：「這很簡單，只要將兩條蛇放在軟物上面，喜歡活動的是雄蛇，靜止不動的便是雌蛇。」

大臣將父親的話一五一十稟告國王，國王將答案回報天神，果然正如所言，化解了一場滅國的危機。

知道這件事的天神，又故意以同一毛色和體格的兩匹馬，為難國王說：「你知道哪一匹是母馬，哪一匹是子馬？」

大臣又回家請教父親，父親回答說：「讓牠們同時吃草，母馬一定會誘導子馬吃草的。」

國王依此答案向天神回報，天神非常滿意，決定繼續保護該國的安全。

獲得保障的國王，非常高興地問大臣想要何種賞賜，但大臣卻說：「我的智慧全是來自我身犯國法的父親，現在他住在我家的密室，請國王赦免他的罪行，並允許我奉養年老的父親。」

國王不但同意，還廢除這條法律，讓全國人民都能奉養老人。

這個故事啟示我們：老年人不是一無是處，而是經驗的累積，只要你懂得善用，將會從他們身上挖掘出無窮盡的寶藏。今後，不論我們在任何崗位上，都應多向學長、社長、老闆、資深人員請益，只要心存敬意，虛心學習，一定可以找到有助於我們成長的貴人！

月薪八萬，收買你只有三萬天的人生？

回憶求學時代，我就不斷遇到「貴人」老師。我的恩師李榮貴先生（美國亞歷桑那州立大學工業工程博士），是我讀研究所時的指導教授。他是一位非常好的前輩，很願意給我機會。當年，由於軍中的單位要改制，對於正在讀研究所的我，一度造成了極大的困擾，幸好恩師幫我解決了問題。

當時的「航發中心」本來隸屬於國防部，由參謀總長管轄。可是，後來卻準備由國防部改制為隸屬於經濟部的漢翔公司。這是一個非常重大的變化。當時我的長官就跟我說，由於單位要改制了，能早一點回來，就早一點回來吧！否則「位子」就不好安排了！

這使我非常的為難，因為我是以副組長身分留職帶薪的，偏偏研究所的課要兩年才能畢業，尤其有一堂課叫做「論文研討」，一定要過關，才能畢業。這堂課分別安排在二年級上、下，不可能提早畢業，所有的課程一定要修完才行。在這過程中，不但要有論文，還需要口試才能通過。面臨如此尷尬的局面，我把單位的改制情況向李老師報告。沒想到老師竟然幫我寫了一個「保證可以畢業」的證明。這對我真是始料未及的信任！於是，我就向單位遞上簽呈，結果沒想到我又創了先例，獲准提前回來上班！這件事當然要感謝我當時工作單位的鄭廠長，他可說是我的恩公！不但幫我取得公費讓我唸書，又幫我取得華錫鈞上將的批准，可以回來繼續上班，並且准我一周回交大研究所上課一次，這樣就可以參與論文研討了。

當我回來以後，果然官復原職，後來更升為組長。接著，又調任中科院航發中心航電廠生產管制長、企畫室主任、業務開發組組長。當時我的職級高達十二職等。很多人不解的是，當時我不含三節獎金，光是月薪，就實拿八萬元。為什麼要離開這麼好的工作呢？

我想，應該是在研究所進修之後有了更高的視野，尤其看到交大教授很優秀，並且在同班同學中，也看到許多絕頂聰明的人才，都一心一意想往高處爬，使我思考自己是否也應該向上提升，以追求更多的歷練、更高的境界，甚至「超越顛峰」。至於工作單位的「改制」只是時機巧合，間接給了我「轉換天地」的機會。

一九九六年，我們的單位是在七月分改制的，可是經過八、九、十月，我在十一月由於個人的生涯規畫而離職，後來更走上了創業之路。這樣的際遇，果然被我的恩師李榮貴老師說中了！他早就說過我一定會走上創業之路！

那時，我要辭職，長官一心挽留我，就批示：「著毋庸議」（這是當時流行的話語）；後來我重新打字，再度提出簽呈，他又批示：「戒急用忍」（也是當時的流行語）！後來我說：「廠長，我真的要走了！」他拗不過我的堅決離開，才批准了。

以今視昔，長達十一年，一路走來，我在這麼年輕時能這樣順遂，可說多拜「貴人」之賜啊！當然，這也給了我們一個啟示：大凡一個「貴人」所以會這樣幫我們，也是有條件的，你必須得到他的信任才行。

我以前曾經在台中的生產力中心教授電腦語言C++和組合語言的課程，剛好遇到大學時的「計算機概論」的蔡教授。我和蔡教授打招呼，蔡教授問我：「你不是在中科院上班嗎？怎麼那麼認真，下了班還來這裡兼課幹嗎？」

我告訴蔡教授，我好喜歡工作，我想多賺點錢。蔡教授笑笑地說：「你那麼愛賺錢，不應該在那邊上班啊！應該出來闖一闖啊！」蔡教授的話後來對我的影響很大，多年後，我創業有成，我主辦了班上的同學會，並且邀請蔡教授參加，我特別講起這個故事，感謝蔡教授的提點，蔡教授笑笑說：「我怎麼不記得有這件事情！」

可見「貴人」或許僅是出於一種善意的言語，然而「說者無心、聽者有意」，好的建言有時可能就在無意中幫助了一個需要意見的人啊！

當時，我剛好覺得世界這麼廣闊，而自己又這麼年輕，是該出來闖一闖了。在我那時的職務上，可以參與最核心的事務，可以預見未來繼續待在那兒的成就會是什麼樣子，已經隱然可見。可是我知道，這不是我的人生規畫，我有其他更高更遠的夢想，至少我希望未來能做到經濟獨立、財務自由，讓家人過上好日子，並且幫助更多的人成功！我發現只要創業，就能夠實現這樣的夢想；只要不自我設限，就一定能突破現狀邁向成功！

如果你問我的座右銘是什麼，我會說：「積極工作，自在生活。」惟有積極工作，才能實現夢想，也才能改善家人的生活，而不是只有享樂；有了財務自由，自然能夠從容不迫，自在生活！

回憶起來，在我的前半生中，我一直相信有能力幫助別人，是最快樂的事。同時我認為，收穫很多的人，不是他有福報，而是他負有使命。也就是說，當他得到很多老天的祝福，其實是因為他能做出很多幫助別人的事，才讓他有所成就。有一位已故的企業家，是一位虔誠的佛教徒，他就說過自己為什麼能夠白手起家、擁有全球的事業體？是因為他在前世有很好的布施，所以累積了很大的功德，這輩子才有很好的事業。

我非常崇拜泰瑞莎修女，她說過：「在別人的需要上，看到自己的責任。」這句話十足彰顯了「施比受更有福」的真諦。我以前也一直不懂其中的道理，後來才明白，有能力幫助別人，是最幸福快樂的事了。我還有一個座右銘是：「成為自己和別人的貴人」，因為我們不僅能讓我們的家人，擁有幸福的生活，若能幫助其他人也過上好的日子，人生的光輝將會更加燦爛。

註解 國防役是臺灣曾出現的兵役制度，其正式官方名稱為國防工業訓儲預備軍（士）官，通常簡稱為「國防役」，基本上屬於預官的一種，不過只有入伍訓練時具有現役軍人身份；訓練一結束即是後備軍人，並至各公司或機關參與研發計畫。自二〇〇八年起，這項制度已由「研發替代役」取代「國防役」的實施。

第二部曲

享受人生，而不是忍受人生

國中老師上門要錢，成就今日的我

小時侯，我的家境很窮。雖然出生在台南，但童年卻住在高雄。那個年代，很多小朋友的願望是長大後要當「蔣總統」！有些人則想當科學家，或是科學小飛俠！而我最愛坐在大卡車的副駕駛座上，陪著爸爸進出高雄港碼頭。由於受到家長的影響，威風操控龐然大物的卡車司機，曾經是童稚時期的志願。我只記得自己成長於平凡的家庭，什麼都不懂，更談不上什麼真正的人生理想。

讀國中時，碰到一位我的「貴人」老師，這位老師很「機車」。怎麼說呢？就是他叫我們參加他的「惡補」，如果不參加補習，他就會無所不用其極地修理我們。例如，問一些課堂還沒教的問題，答不出來就挨揍。於是，有補習的人就勸我還是從了吧！所以後來我也就只好參加補習了。

不僅如此，這位老師還會上門催討補習費。那時，我家是住在違章建築裡，就是處在那種家中沒有廁所、還得出外去使用公廁的窘境。此外，我們家的房子還不是磚頭砌的，而是木板搭上去的。當老師來我家找我媽媽的那天，媽媽正在生病。老師一來，不分由說的，居然指責說我拿了媽媽的補習費沒交，卻把錢花掉！當時我躲在門後，從門縫中偷聽到老師這樣的謊言，心中一直憤憤地想著，這個老師怎麼如此沒有水準？還公然說謊！

我媽媽不會講國語，當時我聽到她氣若游絲地解釋：「沒有啦，我還沒有把學費拿給他啦，老師，不好意思啦，我改天一定叫他拿給你啊！」

老師走了之後，媽媽就開始想辦法籌錢要給我繳補習費。

我非常氣憤地說：「媽，我寧可被他打，也不要再去補習！」

後來，我就更努力讀書，盡量不讓他有機會打我。其實，這位老師惡名昭彰，還曾經因為把學生從二樓推下去而上過報紙新聞！但是，我雖然遇上這樣的惡魔老師，卻激勵了奮發向上、用功讀書的決心，終於考上了高雄中學（雄中）。

當時雄中是全省最好的學校之一，需要有很好的成績才進得去。當我考上雄中要返校拿成績單時。這位老師卻對我說：「我就知道你會考上雄中。」

是的，若不是他的「惡」，激發了我的「善」——刺激我必須一心向上、力爭上游，說不定我還不會考上雄中啊！所以，我必須說，他是我童年時代恐怖的「貴人」！

人都有潛能，只是不懂如何發揮

我在國中時期，班上有一位同學的數學非常好，我卻總是差他一點，有一次我就問他是如何做的？他問我讀幾本「數學自修」（參考書名稱）？我說一本啊！他說不夠的，數學有二本自修都很有名，內容有部分重疊，但有些是不一樣的，讀第一本時可能還不太熟悉，那是當作練習用，第二本自修可以用來作為複習用；只要多讀幾遍，有時複習第二本時，一看到題目都知道答案了。我聽了以後覺得很有道理，就照他說的做，從那之後，我的數學就大有進步，我也順利考上雄中。

除此之外，我能考上雄中，也多拜「幫浦理論」之賜。

您聽過「幫浦理論」嗎？幫浦是早期人們鑽井取水的壓縮機器，幫浦「壓力愈大」，反彈「力道愈大」，取水的機率也愈大。

為什麼我們的「潛能」常不能展現？管理學中有所謂的「X理論和Y理論」（Theory X and Theory Y），其中「X理論」強調人的「惰性」常普遍存在於「每個人內心」而不自知，以致我們的行為受到影響、也使我們的潛在能力無法發揮。人也是一樣，需要幫浦不斷地「強壓」，才能把我們「內在的潛能」激發出來！

提出這一套理論的心理學家道格拉斯．麥格雷戈（Douglas McGregor）認為，「X理論和Y理論」是兩種完全相反假設的理論，X理論認為人們有消極的工作原動力，而Y理論則認為人們有積極的工作原動力。無論如何，人都有潛能，只是不懂如何發揮。當人們碰到逆境時，有時是「塞翁失馬，焉知非福」的。只要當事人具有「正能量」，就足以抵抗任何的「外侮」而自立自強！

有一個農場主人為了拴牛，就在一棵榆樹上箍了好幾個鐵圈。久了，鐵圈慢慢嵌進樹身，樹的表皮形成幾道深深的傷痕。

有一年，當地發生一種植物真菌疫病，方圓幾十公里的榆樹全部死亡，只有那顆箍了鐵圈的樹存活下來。

為什麼呢？植物學家研究結果發現，正因為那棵榆樹從銹蝕的鐵圈裡吸收了大量的鐵份，所以產生特殊的免疫力。

這是一個真實故事，發生在上世紀五〇年代。這棵樹至今仍生長在美國密西根州比猶拉縣附近的農場裡，充滿生機和活力。

我們一生之中，多少都曾受過各式各樣的「傷害」，這傷害將成為生命的一道養料，讓我們變得更剛毅堅強，更充滿生機、活力和希望；同時也讓傷害成為一個警醒，讓我們及時從迷惑中解脫。

沒有人會無緣無故在你生命中出現。每一個在你生命裡出現的人，都有很深的因緣：

■愛你的人，給了你感動。

■你愛的人，讓你學會了奉獻。

■你不喜歡的人，教會你寬容與接納。

■不喜歡你的人，促使你自省與成長。

所以，如果你曾受過傷害，請感謝那些你認為傷害了你的人。

耳骨輸入正面信念，失聽者漸康復

成功學名著《思考致富聖經》（Think and Grow Rich）書中，曾經敘述一個有關作者兒子的真實故事：

拿破崙．希爾（Napoleon Hill）的小兒子在出生時，即沒有雙耳，也就是說，這個小孩，終生將無法聽到聲音，因而也無法學會說話。拿破崙．希爾的太太為了這個孩子，終日淚流不停。但鑽研成功學的拿破崙．希爾卻不願放棄，從嬰兒在襁褓中開始，拿破崙．希爾日以繼夜地在兒子的雙耳位置（因為他沒有耳朵）不斷地激勵他，告訴這個孩子，他是最棒的、是宇宙當中獨一無二的，也不管這個孩子是否能夠聽得見，拿破崙．希爾不斷地對這孩子輸入正面積極的信念與訊息。

到了孩子三歲時，有一次，拿破崙．希爾無意間發現，孩子喜歡用牙齒輕輕咬著留聲機的邊緣，同時臉上露出極為陶醉投入的表情。拿破崙．希爾終於得到證據，這孩子可以藉由耳骨傳遞聲音的方式，來聽到外界的聲音；也就是說，拿破崙．希爾不斷在他耳骨旁輸入的那些正面的訊息，能夠有效地讓他聽到。

從此以後，拿破崙．希爾要求全家人，不要再將這個孩子當作「殘障者」看待；而要用一切對待「正常人」的態度來與他相處。連這個孩子上小學時，拿破崙．希爾也獨排眾議，不讓他進入特殊教育班級，堅持讓他與一般的小朋友共同學習。

這孩子在讀大學的歲月，是一生中的最大轉捩點。由於一次試戴新型助聽器的經驗，這個孩子第一次聽到清楚的聲音。再加上父親拿破崙．希爾從小到大不斷的鼓勵，這孩子勇敢地去找生產助聽器的廠商，要求合作及改良助聽器的品質，自己並成為那家助聽器廠商的代理人，從而幫助無數失聰的人得以重新獲得聆聽的能力。

我小時候，只是家境窮，並沒像拿破崙．希爾的小兒子那麼慘，也沒有拿破崙．希爾這樣長於激勵的長輩呵護。但是，後來我自行創業之後，熟讀成功學名著才悟到，人都有潛能，只是不懂如何發揮而已。國中時代的惡師不但沒有造成我的墮落，反而激勵了我不願向命運低頭的決心！

父債子還？捨理想而就現實

前面說過，我的原生家庭雖然父親是卡車司機、母親是文盲，但是他們非常鼓勵我用功唸書，後來我果然考上了雄中，成績還很不錯。當時也遇到了一位另一種型態的「貴人」老師，他啟迪了我未來的求學生涯方向，對我後來的人生，也有很深的啟蒙作用。

在高一的時候，學校都會舉辦性向測驗，主要目的是協助我們了解自己的性向，以決定高二起可以選擇攻讀的類組。由於考大學前，必須在高二時分甲（理工科系）、乙（語文科系）、丙（醫農科系）、丁（法商科系）四組就學。在「選組」時，「貴人」老師就建議我們先作性向測驗。測驗的結果，顯現出我的法商科指數很高，代表我適合念法商科，其實我自己也認同這一點。但是，我的班導師卻建議我讀理工科！

班導師為什麼建議我讀理工科呢？說來好笑，當年家境很差，家中常有債主追到學校來要我「父債子還」。我們的班導師起先還以為我把那人的女兒「怎麼樣」啦！後來經過債主的表明來意，班導師才知道我家境不好、很缺錢。

一九七六年，台灣與美國斷交以後，面臨很大的經濟挑戰；當時，我的家境不好，雄中又是理工科見長的學校，我記得班導師對我說，既然我的家境不好，家中也沒有事業基礎，不如選讀甲組（理工科），未來會有比較好的出路。例如可以去當時高舉「十大建設」大旗的中鋼、中船等等公司上班，工作和薪水就會很穩定。所以，為了未來的「生活」考量，我終究還是選讀甲組了。

記得當時我決心攻讀甲組，也是基於「改善經濟能力」，希望長大後不要像家中一樣老是欠人家的錢，以免被人看不起！

事實上，我在念雄中的時候，就已經懂得在暑假打工。在我們那個年代，「學生打工」是相當普遍的事。在我高二的暑假，和一群同學到中船附近的拆船廠打工，工作性質很單純，就是用鐵鎚，將生鏽的報廢船體上面黃澄澄的鐵鏽打掉，工作場所是在沒有任何遮陽的大太陽底下，一天的工資是台幣三〇〇元。三〇〇元在一九七九年，可是很大的金額的啊！同時，一般學生應該沒有這樣的打工經驗，跟當時流行到清境農場、或是梨山去採水果打工相比，是完全不同的兩個概念。當時我整天要蹲在大太陽底下工作，用毛巾包住整個頭、臉，只露出眼睛。鐵鎚大概敲打了二十分鐘左右就會鈍掉，不能再使用，領班就會再換一隻新鐵鎚給我們繼續再敲。

我記得第一天晚上回到家盥洗時，整個頭髮、臉部都是鐵屑，全臉都長滿痘痘，手腕已經完全沒力了。我做了一個月，賺了很多零用錢！這份工作給我的領悟是，工作沒有所謂辛不辛苦，只是做不做而已！你如果想要賺這每天三〇〇元的工錢，就去做，否則若覺得不需要或怕累、怕曬，就不要去，那可以改做其他比較輕鬆的事。

打工經驗，建立成功信心

在我父親的朋友群裡，有一個叔叔原本是受雇當司機的，自己並不擁有卡車，可是他為人處事非常謙虛、認真，也沒有不良的惡習，當很多人休閒娛樂時，他總是把握時間充實自己，二〇年後，我聽說他已經在南部擁有一家很大的運輸公司、擁有數十部大卡車的車隊了。他的故事，也給了我很大的啟示。

國中的暑假，我在高雄的六合夜市打工。那是因為媽媽的一位親戚在賣肉羹和生啤酒。我的工作是，當附近攤位的客人來叫生啤酒的時候，我就用啤酒杯盛好生啤酒然後送過去，這是很簡單的工作，所以工資比較少。我的老闆每天工作到凌晨兩點左右才收攤回家，睡到中午起床，然後就要開始準備食材，下午四點就到夜市出攤位了。做這個生意，看起來好像很簡單，但是肉羹要不斷加熱，所以必需不停地翻動鍋裡的肉羹，以免燒焦了。當時我年紀小、力氣不夠大，剛開始每次一手只能拿一杯啤酒，練了一個月，終於可以一手拿兩杯了。有時店裡生意好，有時下雨，生意根本不能做，有時生意不好，肉羹賣不完，隔天也不能再賣，老闆都留下來當自己的三餐，或是送人，或是丟掉。做生意的甘苦，我都看在眼裡。

我在大學聯考之後的暑假，去修理輪船電機的工廠打工，在等待放榜的日子裡，我希望可以多賺點錢，以備開學後使用，每天早上八點開始工作，中午十二點老闆讓我們吃一碗乾麵，吃完後，睡在貨櫃屋的地上休息，下午一點繼續工作、下午五點下班。工作的地點是在大太陽底下，由於有高度近視眼，我流汗後眼鏡會滑落下來，非常不方便。何況兩隻手都是重油污，也無法擦汗，讓我深覺不方便。我在這裡工作得到一個很大的心得，就是我非常不適合在大太陽底下幹活。我告訴自己，未來一定要在冷氣房內工作。當大學放榜，我考上了，向老闆辭職，老闆嚇了一跳，他一直以為我是要在那兒長期工作的，因為當時他曾問我說：你都要念大學了，為什麼還來打工？我告訴他，因為我想多學習，希望能趕快學會賺錢。他沒想到我竟會因考上大學而離開。

我另外一個打工的經驗，是在大學一年級的寒假，陪父親去工作。父親的工作是到台南的糖廠載運甘蔗渣，再將甘蔗渣運到屏東的紙廠。因為是秤重計酬，父親會充分把握時間來載運。那天是半夜一點，我和父親到了糖廠，排到班之後，父親要到車上將六十公分立方體的甘蔗渣搬運並疊好，我自願要幫父親一起搬，但是我連一塊都搬不動，父親笑笑告訴我：你到車廂裡等我就好，我覺得真沒用，一點都幫不上忙，唯一能做的，就是在父親開車的時候陪著他，心裡想著，勞動的工作真是辛苦啊！做怎樣的工作都是有條件的，沒有強壯的身體還無法勝任這樣的工作。

賺錢的經驗告訴我：累積從小到大、以及日常生活中的小小成功，會讓我們建立信心；不斷累積這些成功的經驗，未來就讓自己更容易成功。

命好不如習慣好

學生時代打工，其實是「做自己」的一種負責態度。家境不好，不是什麼罪過，但是，要勇於面對逆境。

面對逆境的「態度」決定一切！

籃球比賽到了勝負關鍵時刻，A隊落後對手不少分數。

教練問：如果是麥可．喬登在這種情況下，他會怎麼做？

隊員回答：他絕不會氣餒，會繼續努力直到反敗為勝。

教練又問：如果是Jack在這種情況下，他會怎麼做？

隊員問：Jack是誰啊？

教練說：Jack就是那個在這種情況下放棄的人，因為他放棄了，今天你們才不知道他是誰。

成功者往往是比失敗者多走一步，並且繼續前行的人。面對逆境，絕不要沉淪，更不要自暴自棄。

在現代的社會中，有很多人很糟糕，不對自己的家庭環境負責，也不愛惜自己的身體，過度地抽菸、喝酒、玩遊戲、泡夜店，不對自己的人生負責；習慣靠借貸過日子、好手好腳卻好吃懶做；寧願做靠爸族、靠媽族的過生活，也不肯努力。

我已故的岳父是一位退伍軍人，當年他高齡八十幾歲了，還有一副雄赳赳、氣昂昂的體格。他一向不喜歡麻煩別人，也很懂得管理自己的情緒。或許是由於出身軍人的關係，他有很高的服從性，為人正直，不貪利，生活節儉；每月領微薄的月退休金，還能儲蓄，只要累積一小筆錢就定存在銀行裡。在他的退休生活中，我看見他早晨起床唸經、抄經、種菜，數十年如一日，平常生活習慣中也不吃冰、不吃零食，不吃路邊攤、也不求山珍海味，離世仍沒有一顆蛀牙。他老人家生前很自豪地說，在當年當兵時，即使五十多歲了，每天早晨跑五千公尺都不累。可見得「身體」是練出來的、「錢」是管理出來的、「成功」是好習慣造就出來的。

命好，不如習慣好！萬一經濟環境不好，就改變習慣，設法讓自己有翻身機會！

除此之外，關於「吃」的習慣，我也悟出一點道理：吃你「不喜歡吃」的食物，就會愈來愈健康！

其實，我們的身體所以會產生很多疾病，都是吃出來的。我以前是「無肉不歡」的人，對於均衡飲食的概念都是左耳進、右耳出。有一段時期，我有鼻子過敏、慢性咽喉炎、胃食道逆流的慢性病，而且咳嗽不止，非常恐怖。我的胸腔科主治醫師告訴我，由於台灣氣候的關係，我的咳嗽很難痊癒。

我以前是個藥罐子，從小先天體質差，動不動就生病，每天藥不離身，辦公桌前擺了一整排藥，同事笑我說這樣吃下去，遲早會弄到洗腎的地步，現在有了身體保健的觀念，會補充所需並且不會造成身體負擔的營養補充品，例如：對視力保健有幫助的葉黃素與花青素，對關節潤滑有幫助的鈣質與葡萄糖胺、膠原蛋白、軟骨素等，這些食品原來是我們在老化的過程中需要補充的。再加上運動，身體健康就獲得很大的改善。另一方面，現代人往往不是營養不良，而是營養不均。尤其自從食物商品化後，為了延長保鮮期、增加賣相、減少熱量，廠商便使用食品添加物。然而，這些東西會傷害我們的身體。根據台灣「天下雜誌」的報導，販賣於便利商店與超市的便當、飯糰、義大利麵、炒麵、三明治等，都使用了大量的添加物。其中，不乏有些便當還包含了三十種的添加物，就連晚上買回家打算在小酌時吃的零嘴、下酒菜，也含有毒性很強的添加物。可見如果不在飲食習慣加以注意，也很傷身的！

「理想」和「現實」，有時是同心圓

高中時代的科系選組一事，究竟應該選就「理想」，還是「現實」呢？有時它是個同心圓，繞來繞去，可能又回到原點。

有趣的是，班導師當時特別告訴我，如果未來能夠到「中科院」上班，就更好了。老師說，那是相當優秀的高科技單位，院裡人才濟濟。老師善意的建言，讓我印象深刻。加上自己當時根本也搞不太清楚，當然就會遵從師長的建議，選讀了理工科的甲組。

沒想到後來真的「一語成讖」，我真的有幸到中科院上班了！當時雖然性向不合，但我卻也勉力地考上了國立大學的資訊相關科系，算是非常幸運的。但更沒想到的是，在理工科的領域繞了一大圈，直到我三十四歲那年，我卻又決定離職創業，最後仍然回到自己真正性向（法商科系）的行銷領域，並且在這個「理想」的領域發光發亮！這使我想起一個故事：

有一個美麗的花園，裏面長滿了蘋果樹、橘子樹、梨樹和玫瑰花，它們都幸福而滿足地生活著。

花園裏的所有成員都是那麼快樂，唯獨一棵小橡樹愁容滿面。可憐的小傢伙被一個問題困擾著，那就是，它不知道自己是誰。

蘋果樹認為它不夠專心，「如果你真的努力了，一定會結出美味的蘋果，你看多容易！」

玫瑰花說：「別聽它的，開出玫瑰花來才更容易，你看多漂亮！」

失望的小樹按照它們的建議拚命努力，但它越想和別人一樣，就越覺得自己失敗。

一天，鳥中的智者鵰來到了花園，聽說了小樹的困惑後，它說：「你別擔心，你的問題並不嚴重，地球上的許多生靈都面臨著同樣的問題。我來告訴你怎麼辦。你不要把生命浪費去變成別人希望你成為的樣子，你就是你自己，你應試著了解你自己，要想做到這一點，就要傾聽自己內心的聲音。」說完，鵰就飛走了。

小樹自言自語地說：「做我自己？了解我自己？傾聽自己的內心聲音？」

突然，小樹茅塞頓開，它閉上眼睛，敞開心扉，終於聽到了自己內心的聲音：「你永遠都結不出蘋果，因為你不是蘋果樹；你也不會每年每天都開花，因為你不是玫瑰。你是一棵橡樹，你的命運就是要長得高大挺拔，給鳥兒們棲息，給遊人們遮蔭，創造美麗的環境。你有你的使命，去完成它吧！」

小樹頓覺渾身上下充滿了力量和自信，它開始為實現自己的目標而努力。很快它就長成了一棵大橡樹，填滿了屬於自己的空間，贏得了大家的尊重。這時，花園裏才真正實現了「每一個生命都快樂」的理想。

在我們的生活中，所有人都有自己需要完成的使命和屬於自己的位置，不要讓任何事、任何人阻止我們認識和享受我們存在的美妙真諦，否則可能會在生命裡繞了一大圈，如入寶山而空手回！

大學迎新舞會，我在當家教

當然，這樣細數過往的歷程，看起來像是繞了一大圈，外人看來，一切還似乎非常順遂，但當年對於一個法商性向比較強的人來說，我高中時唸書真的唸得不太開心。

我的數學還算不錯，但要我讀那種物理、化學，實在有點興趣缺缺。當時在選擇未來求學的地點時，我想離開高雄，以及離開我的出生地台南，所以，我不填南部學校，也不填師範大學，也不填土木科系，然後按照成績排下來，結果錄取國立中興大學，我還一度很高興可以到台北了！沒想到，中興大學原來有兩個校區，而我考上的系卻是屬於台中的校區。

不過，後來我就釋然了。台中也很好呀！我沒想太多，就來到大學，註冊完畢，我花了七百元買了一輛腳踏車，口袋裡就只剩一點點的生活費了！因為我的註冊費是父親向他朋友借來的。為了自力更生，我就趕快去找「家教」的工作。當時，學校社團中有一個「家教社」。我就在那兒覓得一位法官為子女徵求家教的工作。

記得當年大學迎新舞會那天，我卻無法參加，因為我在擔任家教中，光是騎腳踏車來回學校就要兩個小時，所以我只好放棄參加舞會。可見當時我是多麼急切、渴望賺錢啊！

我做了不少家教，也在大學系上擔任工讀生，每個月都有幾百元的收入。當同學們下課後去打球、去玩，我卻仍在教室掃地、擦黑板、倒垃圾。我就這麼努力地打工，終於累積了一些錢，可以買一輛萬把元的光陽一百機車代步了。有了摩托車，我就更方便到處去兼家教。回想起來，我大學的前三年功課一直不好，就是因為太忙於賺錢，以致沒有時間讀書。接下來，升大學四年級時，我才醒悟到把書讀好、讓成績單變好看很重要。所以，「不鳴則已、一鳴驚人」，我大學四年級的功課就突飛猛進了。畢竟自己是屬於「會唸書」的那種學生，只是心思都用在謀生上去了。

買喜美轎車，來自成功學的啟示

光陽一百機車，後來換了偉士牌機車，算是升級了。

在一九八六年，一個好冷的冬天夜晚裡，當時我擔任一位國中學生的家教老師，那天我騎著我的偉士牌機車，穿著雨衣，戴著安全帽，到了學生家裡以後，發現裡面的衣服竟然都濕透了，我穿著濕的衣服進去家教。到下課時，我的衣服還是濕的，直到現在我都還能感覺那天異常寒冷！

那一夜，我在學生家中擔任家教一小時過後，當我下課準備離去時，剛好在門口遇見下一位家教老師。我本能看著他的衣服，奇怪，他的衣服竟然是乾的，為什麼是乾的呢？因為他是開汽車來的。其實，那只是一部老舊的喜美轎車，應該幾萬元就能買到，但是，當時的我可是沒有幾萬元可以買那樣的汽車！

我穿上雨衣，騎上偉士牌機車，我記得我臨去時，回頭看看那部車，帶著無比羨慕的眼神。

你知道我後來買的第一部汽車，是什麼品牌嗎？正是喜美轎車！我為什麼買喜美轎車呢？這和我接觸到成功學的理論有關。

我在首次閱讀美國「成功學之父」拿破崙．希爾博士的巨著「思考致富聖經」(Think and

Grow Rich)時，有一種茅塞頓開的感覺，非常震驚！竟然有這樣的書，將成功人士的觀念與經驗彙集成冊，讓我們直接汲取這些成功人士的精華，至少可以省下幾十年的摸索，而這樣的書我竟然從沒聽過？也沒有機會讀過！我幾乎是用激動與顫抖的手，讀完這本書的，突然想起武俠小說中張無忌在山洞中，無意中讀到「九陽神功」，藉此治好自己的不治之症、並打通自己的任督二脈。我當時這種「如獲至寶」的感動，和張無忌是完全相同的。

根據成功學的說法，我們一定要將夢想具體化、數量化、圖像化，並且去想像你已經擁有它的那份感覺。於是，我記下當時看到喜美轎車的那份渴望，成為我的夢想清單，那部車的影像就從此烙印在我心中。這就是從「成功學」得到的啟示：如果你想要成功，一定要設定自己的目標，因為在當你下定了決心以後，就會離你的目標愈來愈近。很多成功學老師也都告訴我們，要將目標圖像化，每天盯著看，例如你想要賓士轎車，你就要將照片貼在你看得到的地方，然後朝著圖像化的目標努力。現在，我所擁有的三部轎車中，其中一部正是賓士轎車！

人都有無窮的潛力，但是應該用甚麼方法來激發潛力呢？有一句話是：「養一隻大老虎在後面追你」，這句話的意思是指，惟有離開舒適圈，去嘗試原來不曾嘗試的，去學習以前不曾經歷的事物，去做以前沒想過要做的事情。換句話說，不要讓自己躺在安逸的環境中慢慢沉淪，而應該在適度的壓力之下，藉助一些圖像化的目標，逼迫自己向前邁進，未來才有機會在「毫無壓力」

的情況下退休養老。所以，我們必須面對今天的優勢、明天的弱勢，預先做好「最壞的打算」，然後全力以赴。

後來，當我從事「零風險事業」時，就常常會帶領我的團隊爬合歡山。我們曾經完成合歡山東峰、合歡山北峰、合歡山主峰的登頂了！合歡山雖然位列台灣的百岳群峰，海拔都在三千二百公尺以上，要攀爬上這些高峰的路況並不難，但是正因為地處高峰，所以會有缺氧的現象，體力不好的人很可能寸步難行，有很多人便會因而打退堂鼓。

我有一位老大哥已經六十歲，他是個癌症患者，他以前是一位很知名的訓練機構的激勵大師，他帶著孱弱的身體，竟然攻頂成功，因為他在登山過程中，不斷鼓勵自己說：「山不會動，動的是你的腳步；只要我們一步步向前走，再慢也能到達山頂。」證嚴法師也說過：「走對路，路就不遠了。」或許就是這個道理吧！我們都有一些人生的目標，只要我們不是進一步退兩步，我們一步步持續向前，一定會離目標愈來愈近，一定會有達成目標的一天。

挑戰目標，要步步高

在這世界上，我們所以常常下不了決心，就是因為沒有選定目標，或沒有選對目標。

然而，目標的選定非常重要，它足以決定命運。有什麼樣的目標，就有什麼樣的人生。

有人做了一個實驗，把一隻跳蚤放在廣口瓶中，用透明的蓋子蓋上，然後加以觀察。這時，我們可以看到跳蚤在瓶子裏不停的跳動，並撞到了蓋子，然後重新來過。不久，跳蚤繼續在瓶子裏不停的跳動，並撞到了蓋子，又重新來過。然而，經過數次的撞蓋子後，跳蚤卻不再跳到足以撞到蓋子的高度了。

實驗人員拿掉蓋子，把跳蚤換到高度較大的廣口瓶裏。這時，雖然跳蚤繼續在跳，但卻不會跳出廣口瓶以外。因為跳蚤已經自己調節了所能跳的高度，而且適應這種情況，不再改變。

人也是如此，目標的「光環」是會慢慢褪盡的。沒有穩定的目標，人生也不會穩定。儘管許多人都明白自己該做些什麼，但是目標的局限性束縛了他的才能。還有就是安於現狀，缺少了奮鬥和進取的精神。

這問題的關鍵，在於目標只有過分單調的一個，而且沒有變化。目標達成，就不再有新鮮感了。

人生有兩件最可悲的事情：第一，是目標沒有達成，真的很可悲。第二，目標過分單調，達成後就沒戲唱了。

阿姆斯壯一生只有一個目標，就是要登陸月球。他窮盡一生的努力，終於登陸了月球。當他從月球回來不到五年的時間，竟得到了憂鬱症。為什麼呢？因為沒有下一個目標可以追求了！大文豪海明威一生只有一個目標，就是要得到諾貝爾的文學獎。當他寫了名著「老人與海」得到諾貝爾文學獎之後，隔一年發生了什麼事？他竟然自殺身亡了！為什麼呢？因為目標達成後，反而失去了人生的方向。還有身邊的許許多多的例子，有人出社會後一味的追求財富，當他終於歷盡千辛萬苦成為億萬富翁以後，突然失去人生目標，開始沉溺於女色、賭博……將先前十多年的努力，在一夕間化為烏有的故事，真的是不勝枚舉。

所以，後來我進行「零風險事業」時，目標絕不只一個。我們都是不斷挑戰新的目標，要像爬樓梯一樣，一階再一階，步步高。幸好我們的「零風險事業」不僅產品多樣化，使用上也有「循環消費」的生意機制。這樣的目標就不會枯燥了，充滿了挑戰意味，而且目標都是可以透過努力而達成的。

目前，我們的目標就是放在更大的國際市場，同時幫助更多平凡人創業，並不斷地貢獻自己的力量。你說，人生一輩子都能貢獻自己微薄的力量，我們怎麼會搞到憂鬱症或自殺呢？

未來有多大出息，取決於自己

當年大學畢業前夕，我格外用功，因為接下來要面臨的是服兵役，可能是個大問題。

我為什麼到了大學第四年，格外的努力呢？因為人生是很殘酷的，似乎好日子一轉眼就急轉直下，大學畢業後，就要面臨自己養活自己的現實。聽說美國的家長在小孩成年後，就會要求他搬出去，不可以當啃老族。當然，也有些人在成長的過程歷盡艱辛，每天都在討生活。從前有一個記者去訪問一位送羊奶的人：「你為什麼要做送羊奶的工作？」那人回答：「因為要賺錢啊！」記者繼續問：「那你賺錢是為了甚麼？」那人：「為了生活啊！」記者再問：「那你生活為了甚麼呢？」那人想了想，「因為要送羊奶啊！」

這樣的輪迴，說明我們工作是為了賺錢，賺錢是為了生活，而生活是為了甚麼？生活是為了工作，然後工作是為了賺錢，是這樣的循環嗎？我們小時候過得很苦，卻無從施力；長大後也因為生活壓力，必須拚命努力。但所不同的是，來到大學畢業，我們就成年了！我們已經有能力築夢踏實、慢慢實現夢想了！所以，我們再也沒有理由怠慢！

驀然回首，我發現人生的際遇似乎改變了小時候的「志願」，一切隨著自己慢慢成長，而開始充滿了夢想，人生格局也慢慢地擴大了。曾經有個故事這樣說：

一青年向一禪師求教：「大師，我有一件事不明白，它使我整夜睡不好覺，也使我很迷惘，希望您能幫我指出一條光明的道路。」

禪師沒有說話，青年繼續說道：「有人讚我是天才，將來必有一番作為；也有人罵我是笨蛋，一輩子不會有多大出息。依您看呢？」

「你是如何看待自己的？」禪師反問。

青年搖搖頭，一臉茫然。

大師說道：「譬如同樣一斤米，用不同眼光去看，它的價值也就迥然不同。在炊婦眼中，它不過做兩三碗米飯而已；在農民看來，它最多值一元錢罷了；在賣粽子的眼中，包紮成粽子後，它可賣出三元錢；在製餅者看來，它能被加工成餅乾，賣五元錢；在味精廠家眼中，它可提煉出味精，賣八元錢；在酒商看來，它能製造成酒出售，賣到四十元錢。不過，米還是那斤米。」

大師頓了頓，接著說：「同樣一個人，有人將你抬得很高，有人把你貶得很低，其實，你就是你。你究竟有多大出息，取決於你到底怎樣看待自己。」

我記得大三下學期，學校公布欄公告「中科院招考科技預官」，可以在大學畢業後直接進入中科院上班，並且不用當兵、還有可觀的收入可領。我覺得這對我是很好的機會。我認真地準備幾個月功課，在大三暑假果然考取了「科技預官」。

接下來，我就必須趕快把「當」掉的課程補修完畢。因為上了大學之後的前三年，我一直認為賺錢是最重要的。為了養活自己、籌措下學期的學費，通常兼差是第一要務！直到了大四，才突然發現最重要的是「畢業證書」。否則不能「準時」畢業，就沒辦法當科技預官了！

不過，記憶中，當我終於大學畢業，渴望賺錢的細胞依然沒有改變，即使擔任了科技預官，初期仍繼續當家教賺錢！

起先，我在陸軍官校接受入伍訓練，然後到中正理工學院接受專業訓練，然後就分發到中科院單位服役，任官掛少尉職級。當時參謀總長郝柏村先生刻意要栽培我們，所以起薪就是兩萬三，這是非常好的待遇。當時大學畢業，一般的薪水連一萬五都不到！因此，後來當服役期限屆滿的時候，我甚至還繼續簽約，一直留在中科院，總共待了六年之久！可見我當時是多麼渴望賺錢啊！

該「忍受人生」？還是「享受人生」？

渴望賺錢是好事，還是壞事呢？人生應該是來「忍受」的？還是來「享受」的？應該省吃儉用過「將就的生活」？還是應該努力工作，來擁有「講究的生活」？雖然只有二字之差，但是失之毫釐、差之千里！我自己就是受到這個觀念上的啟示，而改變了自己的一生。

我在中科院上班的這個時期，屬於人生應該是來「忍受」的階段。這當然是指自己的觀念，因為收入很固定、支出不固定，所以一直認為要量入為出、要省吃儉用，因為每個月就只有幾萬元的收入，因此在食、衣、住、行、育、樂、各方面都要省吃儉用，由於收入很固定，也很有限，所以支出一定要控制，能省就省，自然而然的就過上「將就」的生活。

當時，我每天雖然過著不滿意的日子，但也會不斷的安慰自己「比上不足、比下有餘」，能夠有這樣的生活算是不錯了啦！這是一般大家認為正確的思維，而我自己也是秉持這樣的觀念。但是差別就在這裡！後來我的觀念有一百八十度的改變，是認為我和家人都應該值得過上「講究」的生活，所以我必須更努力一點，讓自己跟家人在食、衣、住、行、育、樂各方面都能更好！為了要過更好的生活，那就一定要做一些改變，我從觀念開始調整，人生也開始變得不同。

在深山裡的一個偏遠地區有座寺院，寺院裏有兩個和尚，其中一個貧窮，一個富裕。

有一天，窮和尚對富和尚說：「我想到南海去，你看怎麼樣？」

富和尚說：「你憑藉什麼去呢？」

窮和尚說：「我只用一個水瓶、一個飯缽就足夠了。」

富和尚說：「我多年來一直想租條船沿著長江而下，可是一直到現在還沒做到呢，你憑什麼去？！」

第二年，窮和尚從南海歸來，把去過南海的事告訴富和尚，富和尚深感慚愧。

在我們這個社會，「現實」是此岸，「理想」是彼岸，中間隔著湍急的河流，如果你永遠只想著怎麼到彼岸而不去付出行動的話，那你的理想則是沒有根基的橋樑。

已故的前英國首相柴契爾夫人說過：「注意你的觀念，因為觀念會變成為你的語言；注意你的語言，因為語言會變成你的行為；注意你的行為，因為行為會養成你的習慣；注意你的習慣，因為習慣會塑造你的性格；注意你的性格，因為性格會決定你的命運！」觀念是人生命運的根源，真是一點也沒錯！我們是否應該好好省視自己的觀念呢？

敢想，就做得到！

「敢想，就做得到！」

這是一個古老的理論，卻是目前最流行的勵志名言。

「祝你心想事成」是一句最得人心的吉祥話。可是，為什麼很多人「心想」，卻無法「事成」？

活在人們心中的問題，真是層出不窮。例如：

——當職場上的工作不滿意時，該不該放棄？

——當見到周遭的好友出國時，要不要跟進？

——當求職考試不容易考上時，是不是不考？

——當服務業要求請領證照時，需不需改行？

國外有一位叫做朗達・拜恩（Rhonda Byrne）的女士，編出了一本集體創作的書，用二十五位名人的現身說法告訴你：如何打破迷思，簡單做到心想事成。這本書雖然書名為「祕密」，卻用一種很聳人聽聞的方式，教大家怎麼「心想事成」。翻成英文就是：「Thoughts become things」。

那本書的大意，簡單地說，就只有兩點：

一、生命最偉大的祕密就是「吸引力法則」（Law of Attraction）。

所謂「吸引力法則」就是，思想具有磁性，並且有著某種頻率；當你思考時，那些思想就會送到宇宙中，然後吸引所有相同頻率的同類事物。

因此，你當下的思想，正創造你的未來。不論你心中想什麼，你都會把它們吸引過來。換句話說，你從來不想的事情，那件事一定不會發生！例如：你從來不想成功，當然不會成功；你從來不想賺錢，當然不會賺錢；你從來不想結婚，當然不會結婚；你從來不想房子，當然就不會有房子！

二、如果你想改變生命中任何事，就藉由改變你的思想來轉換頻率。

「祕密」的概念，其實並不新，例如，儒家就曾說過：「存乎中，形於外」；佛家則說：「我們現在的一切，都是過去思想的結果。」它強調思想的力量，與古人的論述殊途同歸、不謀而合。

「祕密」裡頭有一種最動人的說法，就是：成功的人是屬於少數人的；而少數人正因為掌握了這個「祕密」，因此都成功了。那些不成功的人，就是因為不懂得這個道理，所以事倍功半。

信念，也是一樣。你從來不信的事情，也從來不會讓你得到好處。不過，在該書中，提到了金錢的祕密、關係的祕密、健康的祕密、世界的祕密、你的祕密、生命的祕密，偏偏漏掉了相信的祕密。事實上，在成功人士掌握的「祕密」中，「相信」是最值得進一步探討的主題。

例如：你相信轉換職場，會讓你的視野更廣？如果相信，你就會心想事成。

又例如：你相信不需要投資就可以得到「零風險事業」的機會？如果相信，你也能心想事成！

第三部曲

「考試」高手，用學習擴展人生

為何捨公費留美，選擇難考的交大研究所？

我大學畢業、考上「科技預官」後，就分發到中科院航空工業發展中心（簡稱「航發中心」）。這是我人生第一個重大選擇。在那兒，不但不必下部隊，還可以上下班，作研發工作。

當時官方給的條件非常好，在這裡上班，還有出國進修或在國內深造的機會。我本來可以選擇留學美國「雪城」大學或「水牛城」大學，因為在服役期間還能取得公費出國留學，是非常難能可貴的。那我為什麼沒和大多數人一樣選擇出國呢？因為按規定，出國讀書只能選擇讀「理工科」、唸資訊科系，而不能讀什麼「管理科」的。而我偏偏一直想要去讀「管理」或「行銷」、「生產管理」的學科。所以，最後我選擇留在國內進修。

當年，申請出國讀書的人也不必通過筆試，而我讀國內研究所還得參加考試，等於選擇了一個比較難走的路子。當時的交大，也沒有「碩士在職專班」。現在的在職專班，只需要提出最高學歷成績單、三年以上服務證明書、個人資料表、推薦書，作初試的「資料審查」（五〇％），再加上「口試」（五〇％）即可，不必特別考試。而我當年參加的碩士班考試，除了一堆繁瑣的手續之外，還必須憑筆試和口試定江山！

我為什麼作了這樣「逆向思考」的抉擇呢？因為那時的我，已經知道我要的是什麼。

名演員史恩．康納萊在年輕的時候，因扮演風流倜儻的〇〇七詹姆斯．龐德而紅透半邊天。

但是當他在最紅的時候，卻突然拒演這個人人搶破頭的角色。他做了這個選擇之後，反而去接演了許多票房較遜色、角色也不討好的電影。

而此時接他演出的羅傑．摩爾卻繼續以〇〇七走紅了好多年。許多人百思不得其解，不知道他為什麼要如此。

他的回答很簡單：「我想做真正的演員，更想在七老八十之後還能繼續演出，所以我必須放棄這個已被定型的〇〇七角色。」

人生，是由一連串的「選擇」構成的。

選擇之中，除了「選擇」你想要的命運之外，也包含了「被選擇」。如果該逆向選擇，卻不肯特立獨行；該自己作主，卻不肯作主時，你就會被命運安排了，而不是自己安排命運。哥倫比亞大學戈登·米勒教授說：「生命充滿了選擇，不管你的年齡、背景或身處的環境，在面對抉擇時都難免猶豫不決。」

可悲的是，從小學、中學、大學，以至於後來成家立業，很少有人教我們如何做明智的抉擇。我們上大學、結婚生子、建立家庭、工作、搬家、退休，這種種都是人生的重大抉擇，我們可能從頭到尾都不曾真正仔細考慮清楚，只是糊裡糊塗、視為理所當然而已。

其實，「選擇」並不是容易的事。對「人」的選擇固難；對「事」的選擇尤難。我是如何選擇要考的科系呢？

交通大學工業工程與管理研究所，是我的第一志願。「工業工程與管理」，常又稱為「工業工程」（Industrial Engineering；IE），它是一門結合科學、資訊科技和管理學等方法，用以提升市場營運效率、「系統性很強，應用性很廣」的學問工具。

郭台銘董事長有一句名言：「高科技離開了實驗室，就是工業工程」。高科技產品研發的主要目的是「從無到有」；工業工程主要目的卻是「從有到精」。一個企業如果只是開發出產品，在市場上還未必能夠生存；企業要能生存壯大，產品不能只是會做，還要跟別的企業比賽「做得好」、「做得便宜」、「做得快」。用專業的術語說，就是還要比賽「良率高」、「成本低」、「時間快」。工業工程的主要目的，就是幫助企業建立一個管理機制，持續使產品「從有到精」。

學習這些管理機制，正合乎我的興趣。但要考上這個研究所確實很難，因為國防部申請參加考試的人，考前條件還必須拿到「考績優等」的資格！何況等國防部審核批准下來，距離考試都已經不到一百天的時間了，幾乎來不及準備功課。

問題不只如此，當時我們白天還要工作。工作之餘，才能準備考試。能不能考上，還是一大疑問呢！最後，我的對策是，懇求長官容許我在工作之餘，給我休假，讓我到附近的逢甲大學圖書館去讀書、準備考試，萬一有什麼重要事情，再叫我回來。事實上，我們也是有假可休的。幸好長官答應了。

在這樣重要的關頭，我就告訴自己，工作之餘，一定要好好讀書。我幾乎是和當年大專聯考一樣，每天計算著「倒數幾天」就要考試了，並且強迫自己不到晚上十二時，絕不能睡覺。

記得當年考大專聯考時，因為錄取率很低，大家都非常拚命用功，曾經有人把大桌子上面疊上小桌子，小桌上也疊上一張小椅子，然後就坐在那張小椅子上苦讀。因為如果一打瞌睡，很可能就會從小椅子摔下來了，於是誰也不敢馬虎，而要振作起精神來。這種情景很像古人「鑿壁偷光」那樣困而學之，也很像儒生進京趕考前的「懸樑刺錐」，那麼驚心動魄。我拚考研究所的心情，也差不多是那樣。想想，報名手續這麼繁複、考試過程又這麼艱辛，不好好考上，豈不是白費功夫？

找對教科書，重點掌握題庫

至於我是怎麼準備考研究所的呢？考試的祕訣是：要找對教科書！雖然考試科目是明白公布出來的，可是當年我們大學時上課採用的教科書是不一樣的。這當然要去問懂的人了。那時我總算找到我一位交大的學長，他是研究所畢業的。首先我就問他，你們以前是用什麼教科書？學長就提供一份清單給我。除此之外，我還想盡辦法，去補習班找那些很有經驗的老師，買他們製作的「考前猜題」題庫資料，作重點的把握。我們準備功課的時間很有限、需要讀的參考書這麼多，而書上的知識範圍又那麼廣，簡直如大海撈針。考試的內容並非可以猜測的選擇題，而是必須有實力作答的「申論題」。沒有三兩三，怎麼上梁山？

在我們準備的各種科目中，例如微積分、統計學、程式語言……等等，一定得先分出自己的強弱項是什麼？然後加強比較弱的學科，複習自己的強項，這都很重要。當時的考生分「正取」

和「備取」兩種。尤其麻煩的是，所有的研究所並非聯合考試的。有些學校的考試日期是互相「衝堂」的，你只能選擇其中之一，而不能一家一家的考試，所以機會就減少很多了。例如我參加的那一年考試，交大、東海和台灣科技大學這三所學校，就是互相牴觸的，你不能每一家都想考。最後我選擇了參加交大的考試！我只能放棄東海和台科大，這也是一個很重要的抉擇！

在準備的過程中，我深知所有的科目不懂的地方都必須弄懂。幾乎沒有模糊的空間。考題非常靈活，都不是死背可以解決的。即使可以Open Book，也找不到答案。它考的完全是必須融會貫通的理解題，任何考生都別想瞎混！所以，我當時就設法把考試範圍的知識都再三思考，務必掌握前因後果、來龍去脈，不懂的一定要請教高手弄到懂。有些題目要一再地演練，務必要各種方式的測試都能找到答案為止，否則萬一出了一題佔二十分的題目是不熟悉的部分，那就完了！

選擇，是一個很大的學問。有的人對學校的選擇無所謂，只求考上。那就可以選大部分研究所都有共同科目的去讀，即可節省很多精力。一次只需準備幾門共同科的書，就可以參加多所學校的考試，很划算。

讀書小撇步，重新默寫一遍

當時我讀書有一個小小的技巧，就是把當天研讀的科目所學到的知識，在讀完之後，重新默寫一遍。這是我多年來的習慣。這樣的竅門，目的是「驗收成果、加強印象」。反覆演練，效果很好。但是，由於太用功了，每天的K書，常常因讀得太累而趴在桌上睡到天亮！

有些新朋友在某個「零風險事業」的教室中學習過幾次以後發現，每週的課程有許多相似之處，覺得沒意思而不再來。那是忽略了「重複學習」的重要性。

正如鄭板橋學畫竹的過程一樣，是從「眼中竹」到「心中竹」再到「手中竹」。

初學畫竹時，必須眼看實景來「寫生」，所以叫做「眼中竹」；經過長時間的「重複」寫生之後，可以不用眼看竹即能「胸有成竹」，照著心中所思所構即能下筆作畫，這叫做「心中竹」；再經過長期「重複」練習「心中竹」的階段，最後即能提升到「下筆揮洒即成竹」的「手中竹」境界。

從鄭板橋學畫竹的過程，我們發現了「重複學習」的重要。

每一個行業中的「高手」，都是在不斷「重複學習」中才能練就頂尖的功力。有一個故事這樣說：

一位凡夫向一位師父請教道：「師父，怎樣才能創造奇蹟呢？」

師父回答道：「做事，認真做事，努力做事，堅持做事，就會創造奇蹟。」

凡夫問道：「這是為什麼？」

師父回答道：「你現在為我燒火煮飯，等飯煮熟了，我就告訴你為什麼。」

於是凡夫就為師父做飯，不久飯就煮熟了。

師父問道：「你剛才是怎樣煮熟飯的呢？」

凡夫回答道：「我就這樣反復不斷地添柴加火，順其自然就煮熟飯了。」

師父說道：「你開始做飯的時候，是生米，你反復不斷地添柴加火，就將生米煮成了熟飯，這難道不是一個奇蹟嗎？」

凡夫恍然大悟道：「原來創造奇蹟並不神秘呀！」

這個故事啟示我們：做，認真做，努力做，堅持做，奇蹟自然而生。

根據心理學家的研究，同樣的一件事，只要重複五次至七次，就能夠在一個人的心中產生相當程度的印象。所以，您對某樣專業知識若想學得好，就必須增加您重複的次數。

交大K書風氣盛，研究所渴求知識

在中科院服務，最好的還不是薪水高，而是還有很多的進修機會。我記得我是一九八五年任官，一九九三年拿到公費去讀研究所。可是，由於名額非常有限，當國防部核下來可以報考的時候，我幾乎已無從準備了。但我知道，只要考上，就能「留職帶薪」地去研究所就學。

讀研究所，當時的體制是兩年；國外，則是一年。如果能考上的話，雖然軍中的研究補助費沒有了，但不用上班，還能領底薪（大約三萬五左右），只需做一名全職的研究生。沒想到，經過幾個月的用功，我還真的考上了第一志願——交通大學工業工程與管理研究所，並取得碩士文憑！

我在研究所裡最鮮活的印象就是，交大的校風非常質樸認真，沒有同居、打麻將等等某些年輕人的惡習；校內學生的用功程度令人咋舌。比的都不是到過什麼好玩地方，而是誰比較晚熄燈就寢、誰比較用功。每一位學生都有遠大的理想和抱負，有的準備繼續讀博士，有的想出國深造，有的要創業開公司等等。人人所設定的目標都非常明確。我也受到學校的氛圍影響，當時我比任何人都用功。由於我們看的都是外國的原文書，造就了我們的英文能力。選擇學校真的太重要了，這對我後來的創業思維和開拓國際市場，肯定都有無形的助益。

交大的學生真的很用功。在交大和清大的宿舍裡，我那時也領悟到，讀書的環境真的很重要。孟母為什麼要三遷？無非是給孩子一個好的讀書環境罷了。好的環境確實會激發人奮力向上；不好的環境，會讓孩子們的時光都鬼混掉了！

當時，清華大學和交通大學的校園是連在一起的，彼此的課程互相承認，並且旁聽是被允許的。我因為沒有讀過商科大學，很多管理學的課沒上過，所以很多基礎科學的課程都一一去補修。回憶起來，我在研究所的兩年中，修了相當多的課程。可能是連續工作了八年，一旦有機會到研究所求學，我就像海綿吸水一樣，大量地渴求知識。

我尊敬的企業家張忠謀先生，有一次在行政院文建會主辦的演講中表示，他人生最大興趣，是把所經營事業變成世界級，第二大興趣便是閱讀。他保持每天閱讀五小時的習慣，至今已長達五、六十年，對培養判斷力、和平心靜氣，都很有幫助。我常常在想，連企業家都這樣有求知的心，難怪事業是世界級的。在研究所的時候，我之所以特別努力求知，也是為了日後能把自己的事業變成世界級的——走上國際市場，讓世界走進來！

公費生，被點名想要創業

我在念研究所之前，一直有一種錯誤的觀念，就是「一流人才做研發、二流人才搞管理、三流人才做業務」，我認為所謂的行銷和業務是一樣的性質，都是耍耍嘴皮子，根本沒有甚麼專長，哪裡比得上我們待在研究室，能夠從無到有，發明東西出來？這當然是錯誤的看法。直到我就讀交通大學研究所，上了人生第一堂行銷管理的課程，我才恍然大悟。當我讀到第一個行銷學經典的故事，頗為感動：有二個人到非洲賣鞋，第一個業務員到非洲，看到非洲人都打赤腳，就報告董事長，非洲人都不穿鞋，我們在非洲沒有機會的；第二個業務員看到非洲人都打赤腳，趕緊報告董事長，非洲人都不知道要穿鞋，我們趕快去進攻這個市場。

這是很簡單的故事，可是對一個從事研發工作八年的我來說，真是開啟了廣大的一扇窗，讓我領悟到原來行銷也是一門大學問，因而開始對所謂的「行銷專家」心存敬意，同時對行銷的領域產生極大的熱情，也開始大量學習行銷方面的知識，希望趕快把所有以前沒學的東西都學到。

記得我還上過一堂叫做「創業管理」的課程。這門課，開放大家都可以修，可是卻很少人修。老師在點名時，一個個地叫起來認識一下。點到我時，我說，我是「公費生」。

老師笑著對我說：「呀呀呀，你們這種公費生最糟糕，很多公費生學、學、學，後來卻一個個都去創業了，就是你們這種人！」接著，引起了一陣哄堂大笑。

說到「公費生卻想要創業」，我必須指出：我們常常希望學以致用，就是在學校學甚麼專業，未來就能從事甚麼工作。而事實上呢？創業，也是從自己擅長的領域出發，因為從已經會的出發，自然比較有把握、比較擅長。但是，大家有沒有想過，如果你擅長的技術是個夕陽工業，或是沒有未來、做不大、做不久，會被淘汰掉的呢？

時代一直在劇烈的變化，我們的計畫往往趕不上變化，「理想」和「現實」總是有很大的差距。更可惜的是，你很想要努力，但是沒有貴人引你入門；或是沒有師長、沒有業界先進可以指導你。一般人通常只能循著這樣的過程：考試、上學、畢業、就業、成家、退休，一路走到底，也是所謂的「一條道兒走到黑」。如果一開始的選擇，是幸運的、尖端的、有未來性的，那人生真是太幸運了！相反的，可能會有人讀錯科系、入錯行，到了年老時，才驚覺原來一直都做錯，那就來不及了！

沒有膽識，就無法播下成功種子

值得檢討的是，如果目前你所從事的工作，真的非常不適合你，或是讓你遭受極大痛苦，甚至傷害到你，有沒有想過是否應該換個跑道？有沒有想到：其實不是路已經走到了盡頭，而是應該轉彎了？

我以前的工作是撰寫電腦程式，這是我非常擅長的專業，但是因為體質弱，長期盯著電腦螢幕，造成左眼慢性結膜炎，看遍了台中的名醫，都無法治好，因此，左眼變成了氣象台，因為有任何過敏、疲勞，左眼就會拉警報、就會發炎，常常必須以熱毛巾熱敷，一手敷著眼睛、一手打電腦，真是苦不堪言！這也是我決定轉換跑道的原因。另外一個理由是，我原本是理工專長，最後為何轉到行銷的領域？因為我發現研發工作不是我惟一的機會，我必須要在一個會擁有更大的成功機會中去尋找市場，哪怕那不是我原本的專業領域！但與其執著在我的專業中，而沒有更美好的未來，不如進去一個未來有機會的地方尋找機會，雖然是不熟悉的領域，但學了就會了嘛！

人生中總是有些時刻，你要跟「未知」賭一賭。不靠膽識踏出第一步，就不可能播下成功的種子。膽識是一種做重大決定的能力，以及為更好的未來犧牲今日安穩的意願。不管是創業、實現自我，還是在舞台上面對群眾，每個人都會面對這樣的考驗：在關鍵的時刻，敢不敢站上一個從沒站過的位置，接受一些超出自己能力範圍的挑戰？

我們以建立微軟帝國的比爾蓋茲來說，他在學生時代就很有膽識了。他在哈佛的第一個學年故意制定了一個策略：多數的課程都蹺課，然後在臨近期末考試的時候再拚命用功。他想透過這樣的「冒險」，去發掘自己是否擁有一個企業家應當具備的素質：如何用最少時間和成本，得到最快最高的回報？他總是在培養自己好鬥的性格，因而被人罵做「紅眼」（人在緊張時腎上腺素衝進眼睛，導致眼睛通紅）。久而久之，他成為令所有對手都膽怯的人物，因為他絕對不服輸，絕對不會退縮，絕對不會忍讓，更不會妥協，直到自己取得勝利為止。這種個性成為他創業時期的最明顯特徵，他令一個個對手都敗在了自己的手下。

但是，他同時又是一個最不滿足現狀的人。到了今天，他已經成為世界首富，不滿足的心理依然驅使著他繼續自己的冒險事業。他在一次接受記者的採訪時說：「我最害怕的是滿足，所以每一天我走進這間辦公室時，都自問：我們是否仍然在辛勤工作？有人將要超過我們嗎？我們的產品真的是目前世界上最好的嗎？我們能不能再加點油，讓我們的產品變得更好呢？」

比爾蓋茲最喜歡速度快的汽車和遊艇，他私人擁有兩部保時捷汽車和兩艘快速遊艇，毫無疑問，這是他不斷錘煉自己的冒險性格的工具，也因而經常接到超速的罰單。他還常一個人駕車到沙漠旅行、一個人駕車穿越崇山峻嶺，或一個人駕駛遊艇遨遊大海，這都是比爾蓋茲常做的。他的成功和膽識是畫上等號的。

哈佛大學啟示錄：記得你是誰

在研究所裡，我修過「科技管理」、「創業管理」、「財務管理」、「行銷管理」，這才發現潛在的意識都被激發出來了。對於我後來的創業過程，最用得上的是「行銷管理」和「行銷研究」這兩門課。哈佛大學當年出了一本最有名的書，書名是《記得你是誰：哈佛的最後一堂課》

（原文書名：Remember Who You Are: Life Stories That Inspire the Heart and Mind），作者戴西・魏德蔓，一九九六年畢業於布朗大學歷史系，二〇〇二年獲得哈佛企管碩士學位，這本書是她的成名作。書中的內容主要在說哈佛商學院有個悠久的傳統，就是在每一科的最後一堂課，教室裡聽不到「個案研究」的討論，也見不到學生們針鋒相對、搶著發言的情況，只有任課教授對台下這群菁英學生，說一段人生智慧的溫馨話語，那是文憑也給不了的精彩分享。

在該書中，收錄了十五位大學名師的故事，而每一個故事都可能改變一個人的生活態度。從第一章節說起，生命是非常脆弱的，當你還沒經歷過大風大浪之前，是否把握並珍惜現在所擁有的一切，或當命在旦夕時卻有了一道曙光，而從此改變了你的任何思想和行動。有時人生就像一場荒謬的考試，沒有選項，也摸不著題目，唯有相信自己才能完成作答，而經驗往往是左右我們想法的源頭。從小到大受了什麼教育、交了什麼朋友，都一直影響我們，我們必須試著探討自己要的到底是什麼，才可以跳出人生的框框。

接下來的篇章，作者提到有關在社會中容易迷失方向的課題。人不是完美的，也不會有完美的人，有優缺點才是真正的人。作者又說：這點我非常了解，同時一直都自知是個不完美且缺點多於優點的人，也不斷的反省自己，正因為有優點所以才有缺點的存在，不用太計較某些小事，那反而會讓自己過不去；只有全然的接受自己所有的缺點，才有成長的機會。

書中的最後一章，是該書最有特色的地方。人生正如一場賽車，成敗受到很多因素的影響，不是有好的引擎、好的頭腦就能贏，必須掌握自己的強項、改變容易失敗的基因，才能達標獲勝，最後一篇文章，則緊扣著該書的書名：「記得你是誰」，用媽媽對孩子的溫馨提示來收尾，例如：你應該記取自己是哪裡來？為什麼來？來的目標是什麼？這些都要時時自我警惕。

結論是：記住你是誰、要有自己的想法、不為他人所左右，在我們每一個階段的人生中，這些都是重要的課題。

當我創業的時候，交大老師提到過的這本書，確實讓我重新面對問題。究竟我所做的任何決策，是否都認真想過？我重視的到底是什麼？是「努力的過程」，還是「成功的結果」？這本書的「忠告」，有些話我至今仍能朗朗背誦，我特別喜歡的是：

「先認定，你總要經歷幾番風雨。請你努力地工作幾年，然後心甘情願地耐心等待收成，因為你是這麼棒的人！」

這是一位教授對學生講的，他說，你是這麼棒的菁英學生，但是人生總會經過一些挫折的考驗，那你一定要用心地工作幾年，並且耐心等到好的成果，因為你是如此傑出的人（記得你是誰）！

每當我下定決心做一件事時，這些話語就會浮現在我心頭。

「行銷」無非是設法讓顧客喜歡你

有趣的是，在交大的學堂上，我們也仿照地搞了一個「最後的一堂課」。那時我們的同班同學大約有四十多位。教授問我們這些畢業生說，假設一人給你們台幣三千萬，你們畢業之後準備做什麼？

這時，有人就回答說「買股票」、「買房地產」，或「定存」，「當管理者」，以及其他各式各樣的答案……就是沒有人要創業開工廠。

教授搖搖頭說，你們全班同學之中，竟然沒有一個人要做有關「開工廠」的事（我們讀的是工業工程與管理研究所）？話聲一落，引起全班哄堂大笑。

沒人要做有關「開工廠」的事？因為當時很多砸下大錢創業的個案都是投資失敗的結局，那我們又沒有錢，當然就更不敢揚言開工廠了！

當時，我就想：可不可能有「不必很多錢就可以創業」的事？如今印證現在，我所做的「零風險事業」正合乎我當年的期望啊！沒有風險的創業，就不會因失敗而出局了！

只要用心思索，夢想會隨著你的預期而出現。我們看看安徒生的夢想：

安徒生很小的時候，當鞋匠的父親就過世了，留下他和母親二人過著貧困的日子。一天，他和一群小孩獲邀到皇宮裏去晉見王子，請求賞賜。他滿懷希望地唱歌、朗誦劇本，希望他的表現能獲得王子的讚賞。

等到表演完後，王子和藹地問他：「你有什麼需要我幫助的嗎？」

安徒生自信地說：「我想寫劇本，並在皇家劇院演出。」

王子把眼前這個有著小丑般大鼻子，和一雙憂鬱眼神的笨拙男孩從頭到腳看了一遍，對他說：「背誦劇本是一回事，寫劇本又是另外一回事，我勸你還是去學一項有用的手藝吧！」

但是，懷抱夢想的安徒生回家後不但沒有去學餬口的手藝，卻打破了他的存錢罐，向媽媽道別，到哥本哈根去追尋他的夢想。他在哥本哈根流浪，敲過所有哥本哈根貴族家的門，沒有人理會他，但他從未想到退卻。他一直寫作史詩、愛情小說，未能引起人們的注意。他雖然傷心，仍然堅持寫了下去。

一八二五年，安徒生隨意寫的幾篇童話故事，出乎意料地引起了兒童的爭相閱讀，許多讀者渴望他的新作品發表，這一年，他三十歲。

直至今日，《國王的新衣》、《醜小鴨》等許多安徒生所寫的童話故事，陪伴了世界上許多兒童健康地成長。

回頭說到我研究所的「行銷管理」，很多人都以為這是很枯燥的學術課程，其實是很有趣的。

舉例來說，曾經有一年，美國航空（American Airlines）這家公司正面臨一個很嚴重的問題，就是有旅客不斷地抱怨行李遺失。當時美國航空的總經理拉莫．科恩（La Motte Cohn）設法要讓各分站的經理共同努力來解決這個問題，但卻始終沒有什麼進展。最後，科恩想出了一個方法。

他下了一道命令，要求全國各地的分站經理都飛到公司總部開會，然後，他設法將每一位經理上機時託運的行李隱藏起來，讓他們在下機後以為自己的行李遺失了。經過這次事件之後，美國航空在行李運送方面的效率，一夕之間就變得突飛猛進。

這就是「管理」的鮮招之一，故意讓全國各地的分站經理都體會「行李遺失」的感受。它啟示我們的是，如果能設身處地，從別人的角度來看事情，你將會對同一件事情有全然不同的感覺和看法。這就是「同理心」。

就我們研究所的上課記憶來說，非常令人印象深刻的是「行銷管理」這門課。有一次，教授也提出了極有趣的實驗。他說，什麼叫做「行銷」？就是要把自己「賣」出去。他笑著說：「很簡單，你們誰讓我最爽，我就給誰的分數最高！」這時，有好多女同學特別厲害，下課時，就甜言蜜語地給老師灌迷湯，又買冰又送上咖啡，企圖展開各種策略，來讓老師「最爽」。還有人送花！然而，我是全班第二高分的，因為我的「手段」也很高強。我是在下課時開車送老師去車站搭中興號或國光號巴士；老師來上課時，我又開車去車站接老師。這樣的「溫馨接送情」，難道不能讓老師最爽？

當然，同班同學中另外還有第一高分的，他到底用了什麼招式取勝，我現在也都忘了！但老師的這些課程非常好玩，他讓我們印象深刻的就是用遊戲方式啟示我們：所謂「行銷」無非是設法讓顧客喜歡你。

我們都是天生贏家

雖然我自己擁有碩士學位，但我不認為學業成績好的人比較會有出息！因為每個人都有他的天賦，這就是所謂的「強項」。因為我知道，我們每個人都是幾十年前，從爸爸的身體奮力游出，經過千辛萬苦地努力，擊敗數億個對手，而第一個到達媽媽身體的馬拉松游泳冠軍！不論古今中外，我們每一個人都是成功者、都是最棒的，不是嗎？也就是說，根據「物競天擇」的理論，我們都是最適合存活下來的物種，適合繁衍下一代的生命！我們每個人都不宜妄自菲薄，而應該肯定自己的生命與價值。但是，既然每個人都是最棒的，為什麼經過多年後，人生與成就竟然會有如此大的不同？

有一個實驗對我很有啟發，將一群小朋友喜歡的禮物掛在明顯的地方，讓他們在規定的時間內選擇，但是每位小朋友只能選一個，比較好的禮物掛的位置比較高，小朋友應該是怎麼跳都拿不到的；還不錯的禮物掛在第二級的高度，小朋友如果盡力跳的話，有些人應該可以取得的；普通的禮物掛在低一點的位置，小朋友就算不用跳也可以輕易拿到。

你覺得小朋友會怎麼做呢？我問過很多成年人，大多數人都猜小朋友拚命跳了以後就會放棄再跳，而會拿走他拿得到的禮物。但是，實驗的結果卻出乎大家意料之外，當然有些小朋友會選擇難度低的，只拿走普通的禮物而離開，然而，大多數的小朋友是會一直跳，直到時間到了，他們仍然待在原地，仰著頭，看著他們真心想要的禮物！小朋友認為如果再給他們多一點時間，他們可以拿得到他們想要的禮物！

為什麼很多成年人會猜錯？其實是因為成年人都已長大了，通常會告訴自己「根本做不到」，所以就很快存有「放棄」的念頭，認為只要能拿走普通的禮物就算不錯了！想想，隨著我們年紀變大了，我們是否都失去為夢想拚搏的勇氣了呢？還是變得更務實了呢？不僅自己的自我設限是相當可惜的一件事情，如果我們也把這樣的觀念、想法教給我們的小孩，告訴他們，放棄吧！你做不到的！那是不是更加可惜呢？

因材施教，可以奠定未來的競爭力

我的兒子是國小學校籃球隊，他的夢想是成為ＮＢＡ的球員，他知道亞洲人就只有林書豪一名亞裔球員，而林書豪是循著美國大學ＮＣＡＡ的過程，並因緣際會進入ＮＢＡ，過程非常傳奇！兒子下定決心要效法林書豪就讀哈佛大學，要打哈佛校隊，準備在贏得ＮＣＡＡ錦標後進入ＮＢＡ。

有一天，兒子很認真的問我，「爸爸，你真的認為我可以打ＮＢＡ嗎？」我笑著告訴他，你當然可以啊！但是林書豪一天吃八個蛋，才能長到一百九十二公分高，你也要多吃才行啊！身為父母，我們應該扮演甚麼角色呢？告訴他，林書豪只有一個，你是不可能的；還是告訴他，加油！他可以，你也可以？

很多人恐怕會認為該對孩子說：「不好好讀書，學打籃球做什麼？」這就是台灣「萬般皆下品，惟有讀書高」的傳統心理作祟，以為只有考試獲得高分，未來才有前途。其實，現代的台灣教育老是在考試制度上探討，這是不對的，以為學歷可以代表什麼，其實我們學習新加坡的「分流教育」也是半調子。新加坡中小學一般採用半天制，和台灣的教育制度相比，課程就沒有那麼繁忙。

瑞士號稱「高收入、高所得、高品質」的國家，他們就是從小就採取「教育分流」制度，例如在制度上分別對不同教育對象，採取不同的教育實際措施。這是他們教育體系中一項重要的制度安排，是針對學生的學業考試成績和學術取向測試，將學生分層別類，讓他們進入不同的學校和課程軌道，並按照不同的要求和標準，採用不同方法，教授不同的內容，使每一個人都能成為不同規格和類型的人才。所以，他們的教育分流，是直接為學生從事不同職業和進入不同社會階層奠定了基礎。

該國的教育嚴謹，但是制度卻非常有彈性。他們的各行各業都可以看到「技職生」的身影，從小在求學時代，就是部分時間在課堂上課、部分時間在工作場域，從基本技術、一步步地練好基本功。難怪不斷有新產品問世，從火星觀測器到智慧型機械手掌、顯微醫療器材，樣樣都有重大發明；至於鐘錶、馬達等等，更是舉世知名。

瑞士人很務實，他們做什麼都想做出最好的，所以相當重視「創新發明」、申請專利。就像一名在雀巢工作六年多的員工說：「瑞士人，一生都會想著要往前、往前、再往前。」

瑞士的「因材施教」，從十五歲以上的孩子有三分之二的人依自由意願選讀技職學校！這是他們能維持經濟穩定、高就業率與國際競爭力的主因！瑞士人的「用心栽培人才」，非常值得台灣教育高層深思。

沒有優勢也可以善用缺點

人生不應該自我設限！大家都知道嗎？馬戲團的管理者只是用一根小木頭，就能將大象綁住嗎？按理說，一根小木頭是栓不住一隻成年大象的。但是，因為在大象小時候，主人一直用那根木頭將牠緊緊困住，牠曾經企圖掙脫，但始終無法掙脫，久而久之，被綁在木頭上就習以為常了。當牠習慣被栓在那根木頭以後，現在就算牠長大了，有能力掙脫，但當它的主人把牠栓在那根木頭上，牠卻只能告訴自己，無法離開那根木頭！這不就是一種認命嗎？可悲的是，大象是有能力掙脫的，偏偏牠已習慣繼續被困住！這無異於自我設限！

三個旅行者同時住進一家旅店。早上出門時，一個旅行者帶了一把傘，一個拿了一根拐杖，第三個則兩手空空。晚上歸來時，拿雨傘的人淋濕了衣服，拿拐杖的人跌得身上不少泥，而空手者卻什麼事都沒有。前兩人都很奇怪，問第三人這是為什麼。

第三個旅行者沒有回答，而是問拿傘的人，「你為什麼淋濕而沒有摔跤呢？」

「下雨的時候，我很高興有先見之明，撐開傘大膽地在雨中走，衣服還是濕了不少。泥濘難行的地方，因為沒有拐杖，走起來小心翼翼，就沒有摔跤。」

再問拿拐杖者，他說：「下雨時，沒有傘我就到能躲雨的地方走或停下來休息。泥濘難行的地方我便用拐杖拄著走，卻反而跌了跤。」

空手的旅行者哈哈大笑，說：「下雨時我在能躲雨的地方走，路不好時我細心走，所以我沒有淋著也沒有摔著，你們有憑藉的優勢，就不夠仔細小心，以為有優勢就沒問題，所以反而有傘的淋濕了、有拐杖的摔了跤。」

我的人生中，曾有個很大的轉捩點，就是到南部的有線電視公司擔任總經理。以前台灣的電視台只有台視、中視、華視三家無線電視台，有線電視台在通過立法之前，被稱為「第四台」，當時經營「第四台」並沒有違法，只是非法，因為並沒有立法說他們可以經營，所以經營第四台屬於非法！

很有趣的，有時政府會取締他們，只不過營業被抓的話，就會被剪斷電纜線、沒收訊號發射器，並沒有刑事的罰則。後來政府立法通過，讓經營第四台的業者，只要通過政府的審查，可以申請營業執照，就是可以「就地合法」。我透過交通大學的梁教授推薦，去擔任有線電視的總經理，名義上是總經理，但實際上，我定位自己是去做學徒，因為，在那裡我學了很多的事物，特別是從有線電視老闆陳董的身上學到很多原本在學校都學不到的看法與實戰經驗。陳董他只有國小畢業，也沒有厲害的後台背景，在一次偶然的機會，他得知第四台的創業機會，就和他的大哥、三弟三人，集資合作，一戶一戶的招攬、一戶一戶的架設電纜線，收視戶超過二十萬戶。陳董一生都在追求創業，他說過：「我一生除了違法壞事沒做過以外，任何可以創業的事我都做過了。」

這是一個非常激勵我的故事，我們讀了很多書的人，讓自己身懷武功地去上班，但是這位沒有讀很多書的人，卻是一生在追求創業，雖然失敗了很多次，但終於抓到機會，而一舉成功，並且成為創業楷模。

所以，沒有學歷優勢的人，只要能掌握機會，也一樣能夠善用缺點成功達陣。

成功不在於有無天資，而在於有無理想。心中有夢，人就年輕。年輕是我們唯一擁有權利去編織夢想的時光。人，永遠保持夢想與鬥志，就能成功。除了要有夢想之外，還要懂得改變。一個人「改變」的速度，與「成功」的速度成正比。成功不是挑戰別人，而是改變自己。在我原本於漢翔從事研發工作的穩定日子裡，我為什麼肯放棄高薪工作、寧願放棄穩定的公務員生活，而投入「零風險事業」的生涯呢？

答案自然是：因為我心中有夢，我的人生沒有設限。我希望追求更好、更富裕、更自由自在的生活！那麼，「改變」我的又是什麼力量呢？請接著看下去。

第四部曲

想要快速富有，大膽創業吧！

有線電視公司的賺錢邏輯

我離開中科院後，去找過我交大的老師——梁教授。他是振道有線電視公司的創辦人，也可說是「新竹的有線電視之父」。當時，我向和善的梁教授報告，我已離開工作十一年的老東家，不想再找新的工作，也不想再教書了。我想創業！那時我還只有三十四歲。

梁教授真的是我的大貴人！他聽我這麼說，立刻介紹我一個好工作，問我願不願去做。話說那年，第四台「就地合法化」以後，經營者必須經由政府的管轄，申請執照必須由具有「碩士」資格的總經理，提出「投資計畫書」、「營運計畫書」、「經營團隊」等等企畫案，去新聞局裡報告，並接受口試。而梁教授在當時，已經擔任了很多家公司的顧問和總經理了，簡直分身乏術。所以他就介紹我去台南永康擔任溪南有線電視的總經理。

那時，該公司的陳董事長見到我這麼年輕，就笑著對我的老師說：「你怎麼介紹了這麼一個嘴邊無毛、辦事不牢的小伙子來？」

我的老師說：「你不要小看這個年輕人，他是從中科院高階主管出來的。學歷也夠，這個人可以勝任！」

於是，我就到那兒協助他們把「營運計畫書」等資料，修潤得很完善，然後進入新聞局接受口試，並拿到執照。

這是我從中科院到漢翔，到「零風險事業」中間的一個人生轉捩點，這過程很重要。

為什麼說這個「改變」的過程很重要呢？因為我在擔任「溪南有線電視公司」總經理時，從陳董那兒學到很多的東西。他一輩子都在創業打天下，他做過很多的生意都宣告失敗，只有做第四台時非常成功。最特別的是，他這一次的大成功，卻把他推向了顛峰！當初他和兩位兄弟合作，三人各出八萬元台幣，總共二十四萬元起家創業，到現在，他的公司在南部幾經合併，目前是台南最大的有線電視公司，而他是常務董事。

他前幾年和我仍然偶有聯絡。有一次他打電話來，仍然沿著從前的稱呼說：

「陳總，陳總，那個『班長』要怎麼做？」

我聽了莫名其妙。後來經他的解釋，我才知道原來有家南部的國立大學，成立了一個「企家班」（企業家研究班）。陳董就是被拱為班長。非常有趣的是，陳董小學都不曉得有沒有畢業，現在事業成功了，連參加企家班都被選為班長，可見很風光。這件事對我的打擊是很大的。我苦苦唸了這麼多年的書，也一直在非常努力的上班，還好我總算出來創業了，可是有多少人也很認真工作、把事情做好，卻始終是替人作嫁、耘人之田，而無法出人頭地呢？

郭台銘一天有八百萬個小時

我從有線電視那兒學到最多的是，當時我們對客戶一個家庭一個月是收五百元，但是，有二十萬戶，一個月就有一億的現金進帳！多麼恐怖的「倍增市場」啊！我真是開了眼界！

後來，有線電視公司由於合併等原因，我就離開了。而就在這時我認識了「零風險事業」。「零風險事業」的概念跟有線電視，其實也是一樣的。我們設想一個家庭最起碼也有兩萬多元以上的收入吧？那麼如果我們用十分之一的開銷，作我們生活上必要的日常生活用品及保健、保養費用，也是合理的吧？

於是，我頓時恍然大悟，覺得這就是我的機會了！這就是我另一種形式的有線電視啊！

積少成多，積沙成塔，長期的持續消費，從客戶二千元的消費中獲得平均一到兩百元的「廣告費」收入，也不錯啊！這完全是一模一樣的概念。如果我沒有做過有線電視的生意，我應該不會那麼容易看懂這個事業的特色。

這個「零風險事業」的老顧客「重複使用、循環消費」，道理很可以明白的，可是「倍增」的原理卻是在我讀交大研究所的老師教我們的一個故事。當時老師問我們「郭台銘為什麼能成為經營之神？」

在眾人七嘴八舌的分享之後，老師才把答案告訴我們。他說：

「因為他旗下有許多幹部幫他工作、管理，每多一位，等於他的時間就增加一倍。所以如果有一百萬名將才一天工作八小時，郭台銘一天就有八百萬個小時。」郭董一天等於我們一百輩子！

郭台銘就只需要把公司的團隊系統建好，就有這麼多人為他工作。所以，倍增的方式，要嘛，就要開連鎖店；要嘛，就要有很多的員工。我想不出還有什麼可以比這個方式賺錢更快的？我後來更發現，一樣的投資，只是由一條條的電纜線構成的光纖，就有這麼大的收入，這才是最佳的收入，也是致富的捷徑啊！

貧富的差距在於觀念的不同。億萬財富買不到一個好的觀念，好的觀念卻能讓你賺到億萬財富。那時我也悟到，不論做什麼事業，都應先建立有「倍增」力量的團隊。這個成功的祕訣就是：借力使力不費力——假如我沒有時間，就跟有時間的人合作；假如我沒有能力，就跟有能力的人合作。

看懂「資產型收入」很重要

我很幸運的是，由於「有線電視」的工作經驗，讓我看懂了資產型收入的威力，也明白事業如果要做大的話，必須擁有倍增時間與倍增市場的能力，因此後來全力投入經營「零風險事業」，才獲得巨大的成功。

有線電視公司的每月收視戶才收五百元，看來是一筆小錢，但是以二十萬戶來計算，每月就有一億元的現金收入。這麼可觀的收入，是每個月都會重複收取的持續收入。**這和自來水公司、電力公司、電話公司的每月租金收入是相同的道理，統稱為「資產型的收入」**。要擁有資產型的收入很不容易，連日本都已經實施負利率了，全球低利率時代也成了趨勢。以台灣一．二五%年利率計算，要獲得每月十萬元的利息收入，相當於要在銀行定存一億元！就是一千倍！因此，擁有一位每個月繳交五百元有線電視月訊費的顧客，是相當於數十萬元資產價值的，在有線電視購併的計算方式上，是以每戶數十萬元的資產價值計算的。因此擁有資產型收入是王道，正如現今受到投資者肯定的「高現金殖利率」的股票非常保值，也很吸引眾多投資者購買。

在銀行定存一億元，可以領取每月十萬元的利息收入，跟努力工作每月領取十萬元的收入，兩者都一樣是十萬元，但實際上是相同的嗎？你覺得那種收入比較好？當然不同！因為上班收入是「暫時性收入」，有做才有錢可領；一旦當你沒有上班或停止工作，收入就歸零了。但是，定存的利息卻是每個月都會準時來到。

那麼為什麼很少人能夠擁有一億元定存呢？因為要工作才有收入，收入必須扣除支出之後才有存款，要有很大的存款才能擁有資產收入。但是算算一輩子工作的收入，不吃不喝，恐怕都很難有幾千萬元，更不可能達到上億的數字。所以這條路走下去，一定沒有辦法擁有「資產型收入」的人生。就算努力工作、獲得升遷加薪，但其幅度頂多反映物價而已，一定比不上物價上漲的速度，若再加上通貨膨脹率，你現在存的一百萬元，十年後大約只值七十萬元的價值了！

多年前，我有一位朋友在銷售台北帝寶豪宅的預售屋，打電話邀請我上台北參觀，預售時一坪的售價是七十萬元新台幣，一戶的售價是一億元新台幣。我聽了笑說：房子這麼貴，要賣給誰呀？朋友笑笑地告訴我：不包括很有實力的那些有資產的大戶，光看去年個人收入繳稅的資料，全台灣買得起的人將近有八千人。我聽了嚇一跳，頓時覺得自己很外行、很不好意思。

為錢工作，還是讓錢為你工作？

不料，這件事到現在已過了大約十四年，帝寶的房價迄今漲了四倍，現在一坪的售價已經超過二百八十萬元新台幣！房價漲了四倍，但是我們的收入增加四倍了嗎？國人的平均所得，十多年來卻是不動如山！更簡單的比較就是茶葉蛋，悄悄地從一顆五元漲到了一顆十元了，這反映了最基本的物價漲了一倍了！如果我們的收入沒有成長一倍，基本上是低於物價上漲平均值的，也就是說，在過去奮鬥多年後，自己是愈來愈窮了，因為收入的成長跟不上物價的漲勢！但是東西再怎麼貴，就是有人買得起啊！看看別人、想想自己，為何自己的收入沒有成長，是否發現原來是自己的工作、生財工具都有問題的呢？

談到「零風險事業」帶來的持續收入，其實一般人很難一下子看懂。我有一位合夥人，開了兩家眼鏡行，以前還投資撞球的生意，收入好的時候月入數十萬元，但沒想到後來撞球運動忽然退燒了，他的投資還沒有回本，店就收掉了，後來和我合作「零風險事業」，雖然整天仍是守著陽光守著店，但也兼職發展「零風險事業」，幾年前眼鏡生意已大不如前，收入銳減，但「零風險事業」穩定成長，帶來每個月穩定的持續收入，讓他驚呼，開店開了二十年一直自認很懂得做生意，直到經營「零風險事業」以後，才看懂甚麼叫做「持續性」收入。

如果必須工作，才有收入，當工作停止，收入就停止，就是將會一輩子為錢工作，不能休息、只能喘息。反過來說，如果擁有「資產型收入」，那就是讓錢為你工作，等於你在睡覺、在旅遊時，都有錢在進帳。因此，正本清源之道，就是要及早打造你的「資產型收入」，才能一輩子不缺錢。

我以前還在上班的階段，有時候休假逛街時，會看到有些人不必上班，但是好像有錢、有閒的樣子，我都會很好奇的想了解，他們到底是做甚麼的？為什麼他們可以不用上班，但仍能過上好日子？以前有一個朋友，他在百貨公司的飲食街賣韓國火鍋，一個火鍋才賣二百九十九元，但是每個月都有五十萬元的收入，真是讓我非常羨慕！我想每個月如果都有五十萬元的收入，那是怎樣的一種生活狀態？難以想像的幸福了！最主要是他不需要去看店，他已經將製程ＳＯＰ都標準化了，穩定的收入又可以讓他累積資本開設下一家店，再增加每個月幾十萬元的收入！他的成就讓我也想做生意。

我和太太曾經想要加盟一家知名連鎖咖啡廳，就去台北世貿中心附近的某個店面，詢問加盟辦法，結果才知開同樣的一家店，必須準備資金台幣三百五十萬元。在一九九六年那是一筆非常大的成本，我們根本沒有這樣的能力。所以我們就想著，需要增加收入的人這麼多，但是想創業開店又需要拿出這麼多的資金才行，根本不是一般人可以做得到！那麼，有什麼機會是可以讓平凡人就可以白手起家的呢？如果能在不影響本業工作的前提下，藉由兼差方式增加收入與實力，能有這樣的機會該有多好？

「富爸爸與窮爸爸」這本世界性的暢銷書，也曾經啟發過我。這本巨著能夠在全球大賣，是因為他將收入的概念區分為二大類、四大象限。**二大類是指「窮爸爸」和「富爸爸」。四大象限是指：E雇員、S自營商、B企業擁有者、I投資家。**E雇員象限是指上班族、S自營商是指自己開店做生意的老闆，以及醫師、律師這類的專業診所、事務所。E和S象限因為必須親力親為、手停口停、賺取的是暫時性的收入，所以歸類在窮爸爸這一類。B企業擁有者象限是指經營企業的企業家、I投資家象限是指以金錢投資為主要的收入。B象限和I象限因為是靠系統或工具在賺錢，當你在睡覺、遊玩時系統也在為你賺錢，所以帶來的是持續性的收入，所以屬於富爸爸這一類。我們很震驚地發現，我們身邊的朋友百分之九十九都是屬於窮爸爸這一類。而要成為富爸爸的話，必須建立一個不是靠勞力、時間才能賺錢，而是建立一個會自行運作的系統，為你帶來收入。如果能有持續收入，應該同時進入I象限，藉助槓桿的效益，加倍增加財富。這本書讓我們簡單明白成為富爸爸的方法。

如果沒有看清楚自己是處於窮爸爸，就算一直換工作，再怎麼換，還會是在窮爸爸這一類。因此，應該趁早換到富爸爸這一邊，才能一勞永逸，解決問題。

快速致富的祕訣

在我年輕時期所知道的故事中，對我啟發很大是有關王永慶、郭台銘先生的故事，他們都是我景仰的企業家，共同的成功因素正是有大量的員工幫他的事業打拚！我們從他們的企業每一個人的工作時數，乘以人數，就可以知道他們事業的「倍增」力量有多大！如果我們不學他們，而想靠一己之力，孜孜矻矻、傻傻地做，怎麼可能追得上一個企業的力量？

知名加拿大籍歌手 Celing Dior 主唱的電影鐵達尼號主題曲「The Power of Love」專輯，在全球的銷售量超過一億張，微軟公司出版的 PC windows 也超過一億套，「哈利波特」系列書籍也一樣，一款產品能夠大量暢銷，也能創造巨大財富。曾經有一年，我注意到富比士名人榜中，香港天王劉德華從一百位明星中，以努力成為「全能型藝人」脫穎而出，登上榜首。第二名則是台灣藝人周杰倫，他除了演唱會、發專輯，還跨足電影，甚至還自己當起導演來，票房成績過億，獲得青睞之餘，連出版「繪畫」也不放過生財的機會。周杰倫近年更跨越台灣海峽，到大陸拍了不少廣告片，年收入更是上億。諸如以上這些巨星所以致富，主要靠的是知名度。知名度造成粉絲的眾多，「有名就有利」之外，他們更懂得擴大市場，向世界進軍，所以可以得到更「倍增」的力量！

有個父親想將他的巨大財富分配給兩個孩子來繼承，他想了兩個方案讓小孩來選，第一個方案是：每天給你一百萬元，連續領三十天。第二個方案是，第一天給你一元、第二天以後都給你前一天的二倍，連續領取三十天，自以為聰明的哥哥先選擇第一個方案，因為看起來每天一百萬，三十天就有三千萬元了。其實，第二個方案才是更大的財富，雖然第一天才領一元，第二天二元，到第十天才五百一十二元，但是第二十八天就有一億三千四百二十一萬七千七百二十八元、第三十天五億三千六百八十七萬九百一十二元，三十天加總起來共超過十億元，這就是倍增成長的威力。

因此，要快速致富，必須要投身於有「倍增」能力的事業。我指的倍增有二個概念，第一、是要倍增我們的工作時間、第二、是要倍增到全球市場。在倍增我們的工作時間方面，透過團隊行銷發展的概念，我們利用有限的人脈可以發展無限的人脈出來，透過有限的朋友延伸出無限的顧客。對於倍增全球市場來說，必須與國際型的公司合作，透過國際連線業績合併計算的方式，才能無限延伸國際市場。

很多人常常抱怨景氣不好、生意不好做，但反觀我們的「零風險事業」卻是業績蒸蒸日上！他們問我如何做到？我的回答很簡單，就是反問：為什麼你要做會造成「景氣不好」的生意呢？像我經營的生意就只是民生必需品、是消耗品，每天要用、用完後會回頭再來重複消費的產品，哪裡會受景氣影響呢？

縮短人生理想的達成，要有方法

賺錢有方法，致富有門道。單憑力氣和勤奮賺錢，養家餬口還可以，想賺大錢從來就不太可能。從來沒有人聽說哪個農民靠勤勤懇懇種地成大富翁的。賺錢並不難，關鍵在於思路對不對、方法是否正確。

從前有位善心的富翁，蓋了一棟大房子，他特別要求建築房子的師傅，把那四周的屋檐，建得加倍的長，使貧苦無家的人，能在下面暫時躲避風雪。

房子建成了，果然有許多窮人聚集屋檐下，他們甚至擺攤子做起買賣，並生火煮飯。嘈雜的人聲與油煙，使富翁不堪其擾；不悅的家人，也常與在屋檐下的人爭吵。

冬天，有個老人在屋檐下凍死了，大家交相出言罵富翁不仁。

夏天，一場颶風，別人的房子都沒事。富翁的房子因為屋檐特長，居然被掀了頂。村人們都說這是惡有惡報。

重修屋頂時，富翁要求只建小小的屋檐，因為他明白：施人餘蔭總讓受施者有仰人鼻息的自卑感，結果由自卑成了敵對。

富翁把錢捐給慈善機構，並蓋了一間小房子，所能蔭庇範圍遠比以前的屋檐小，但是四面有牆，是棟正式的屋子。許多無家可歸的人，都在其中獲得暫時的庇護，並在臨走時問起這棟房是哪位善人捐建的。

沒有幾年，由於受到恩惠的貧民口耳相傳，富翁成了最受歡迎的人，即使他在死後，人們還為繼續受他的恩澤而紀念他。施恩雖不圖報，但也總不至於結怨呀！好的願望，還需有好的方法才會有好的結果。

賺錢也是同樣的道理，總要找到好方法、好點子，才不會讓自己受傷。

姑且不論每一個人的人生理想是什麼，但對於有渴望過好日子的人來說，想必也是盼望有朝一日，成為一個受人尊敬、擁有極多財富的大企業家吧？最起碼你會希望：家庭幸福美滿、身體健康、有錢有閒、享受人生、享受自由。

但如果你是一個「上班族」，夢想恐怕就比較不容易實現。

舉例來說，假如你每月收入五萬，只能存下三萬，一年也不過累積三十六萬，至少你得努力三十年，才夠在城市裡買一棟大房子，而不必貸款或舉債。

然而，人生有幾個三十年？

所以，「縮短人生理想實現的時間」，是你應該從長計議或另謀打算的主因之一。

反過來說，自行創業、作自己的主人，你的命運就會好轉。

如果你有本錢，沒問題，不妨籌辦個公司或開個小店，自己就是老闆了。問題是：勝算有多少？萬一你沒有本錢，又怎麼辦？

現在，我們就來分析一下，經營傳統事業與「零風險事業」到底有何不同。

「逆水行舟」vs.「四兩撥千金」

「零風險事業」的行銷模式叫做「倍增學」，也可以說是一種「無店鋪」或「免店鋪」事業。這種事業的工作型態，不需要投資就能創業。由於採用這種方式來促銷產品，所以流通的速度非常快，可說是「四兩撥千金」。

而傳統事業採用的是開店面式的經營方法，促銷產品屬於守株待兔型，生意的推動如「逆水行舟」，頗為吃力，促銷產品的速度遠不如「零風險事業」。

「零風險事業」是以口耳相傳的方式進行的，也就是「一邊傳播，一邊分享」，是屬於以口碑、分享的方式運作的，只要消費者滿意，重複使用產品的機率極高。

傳統事業一分耕耘，一分收穫；而無店鋪事業可能一分耕耘，多分收穫。你覺得哪一種好呢？

零風險事業可用一個大家可能熟知的故事來說明：

一個公司董事長發現所寫的「開會通知」日期有誤，而當時距離開會時間僅剩不到一天，於是他叫祕書通知六百廿五個股東，並指定以電話更正訊息。

一個做事毫無效率的祕書，打給一名股東至少要花三分鐘，六百廿五名股東，就得花卅一小時又十五分鐘。

在這過程中，還要祕書不眠不休、接電話者保證接通才行。

如果換成一個有「倍增」概念的祕書，她只要通知五個股東就夠了。

不過，必須向這五名股東強調，請他們分別轉告另五名股東正確訊息，並請任何接到訊息的人，都得再傳給五名股東。

這麼一來，每五人花十五分鐘，一傳五，五傳廿五，再傳到一二五，再一次就傳到六二五，經過這四層次的傳播，前後總共只要一小時就把問題解決了。

分享的原理

同樣是當家做主人，傳統事業卻需要創業基金，最起碼租個店面或辦公室吧！就算不需要設備、裝潢，也要有人事開支及零用周轉準備金的預算，還不考量任何意外的損壞，萬一人事流動率高，登廣告徵才，樣樣都得花錢。有時候，你聘請的員工不實在（例如不盡心盡力或浮報公帳，甚至吃裡扒外、謀取不當的額外回扣等等），公司常常會因而被迫關門。

其次，在龐大的資金付出後，能不能賺得回來？顯然也是未知數。

而「零風險事業」的經營者，卻有得天獨厚的條件，不必創業基金，免租金、免保人，公司還免費提供培訓課程和場所。所有行政人員，亦由公司出資聘請，如此的條件，豈是傳統事業能比？

一個春天，一名虔誠的教徒立志要在某個地方建造一座大教堂，他向當地著名的設計師描述了自己的構想：「我要的不是一座普通的教堂，我要在人間建造一座伊甸園。」

設計師問他預算是多少，這名虔誠的教徒堅定而明快地回答道：「我現在一兩銀子也沒有，所以五萬兩銀子的預算與五十萬兩銀子的預算對我來說根本沒有任何區別，重要的是，這座教堂本身要具有足夠的魅力來吸引捐款。」

教堂的最終預算是七十萬兩銀子。七十萬兩銀子，對當時的這名虔誠的教徒來說，是一個不僅超出了其能力範圍，而且也超出了其理解範圍的數目。

當天夜裏，這名虔誠的教徒拿出一張白紙，在上面寫上「七十萬兩銀子」，然後又寫下十行字：

一、尋找一筆七十萬兩銀子的捐款；
二、尋找七筆十萬兩銀子的捐款；
三、尋找十四筆五萬兩銀子的捐款；
四、尋找二十八筆兩萬五千兩銀子的捐款；
五、尋找七十筆一萬兩銀子的捐款；
六、尋找一百筆七千兩銀子的捐款；
七、尋找一百四十筆五千兩銀子的捐款；
八、尋找二百八十筆二千五百兩銀子的捐款；

九、尋找五百六十筆一千兩百五十兩銀子的捐款；

十、賣掉一萬扇窗戶，每扇七十兩銀子；

兩個月時，這名虔誠的教徒用大教堂奇特而精緻的建築模型打動了一位鹽商，這位鹽商捐出了第一筆錢十萬兩銀子。

七十天時，一位傾聽了他演講的官員，捐出了一千二百五十兩銀子。

一百天時，一位被他孜孜以求的精神所感動的陌生人，給他送來了十萬兩銀子。

九個月時，一位捐款者對他說：「如果你的誠意與努力能籌到六十萬兩銀子，剩下的十萬兩銀子由我來支付。」

第二年，他以每扇五十兩銀子的價格請求當地的富商們認購大教堂的窗戶，付款的辦法為每月五兩銀子，十個月分期付清，六個月內，一萬多扇窗戶全部售出。

後來，歷時十二年，可容納二千多人的大教堂竣工，成為建築史上的奇蹟與經典，也成為世界各地前往此地的人必去瞻仰的勝景。

這個大教堂最終的造價為兩百萬銀子，全部是這名虔誠的教徒一點一滴籌集而來的。借錢時，如果一個人不能解決你的難題，那就不妨把目標圈定在十個人身上；如果十個人還不行，那就一百個人……直到滿足你的願望為止。

「零風險事業」的投資理念，其實也有點像這樣。這就好比我們要做大事業，一個人的力量有限，但是，如果借用推薦、分享的方式，請朋友到「零風險事業」的公司辦會員卡，這樣就等於把億萬的投資額度分散在眾多的事業夥伴上。每一個人的成本單位就變得微不足道了。

當老闆，有必要「留一手」嗎？

有一位慈祥的師父，把生平所學盡數傳給了一個性情暴戾的惡徒，惡徒學藝出師，不思圖報，反倒認為留著師父多了一個競爭對手，憑著年少勇力跟師父決鬥，最後達到了自己罪惡的目的。

與此相反的一個例子是貓與老虎的故事。傳說貓曾做老虎的老師，教它諸般發威、怒吼、卷尾、剪、撲之技，但貓思慮老虎比自己龐大若干，若日後它欲反撲於我該怎麼辦，遂保留了一手爬樹的技巧，果然老虎不久就翻臉，怒欲撲食貓老師，貓老師嗖地竄上樹頂，老虎抬頭張望無計可施。

台灣俗諺：「飼老鼠，咬布袋。」

這句話意指，傳統事業老闆常常篳路藍縷、辛苦大半輩子，才有偌大的局面，一旦自己一手培養出來的幹部不忠，隨時都有可能自立門戶，成為未來的勁敵。

外有同業惡性競爭、暗中詆毀；內有徒弟獨立門戶、帶走老客戶的危機，使得傳統事業老闆常存有自私的心態，為了怕無法掌握或制伏弟子，常以「留一手」作為自己的「壓箱寶」，很少願意把絕學全部教給徒弟。

如此一來，徒弟固然不敢功高震主，所學到的技術實在也談不上爐火純青，只能憑著一招半式闖天下，成就自然有限。

這種故步自封的傳統行銷作法，遲早會綁死自己的，因為最大的勁敵，其實並非同業，而是自私的心態。

「零風險事業」卻剛好相反。

任何一位部門的事業夥伴，絕不會心胸狹隘地對待他的合夥人。他甚至恨不得把一身絕學，包括十八般武藝全教給他的下級事業夥伴，因下級部門發展得愈好，他愈能水漲船高。

所以，「零風險事業」的經營者對他的夥伴必然傾囊相授，正如佛家所說的：「多捨多得，不捨不得。」

付出愈多的人，收入愈大；不願付出的人，什麼也得不到。

傳統事業留一手的作風，造成師徒「設防」的惡性循環；「零風險事業」傾囊相授的態度，卻會形成整體團隊淬礪奮發，互相拉拔，而使業績青雲直上，勝算必大。

設法讓九十五％的客戶回購

我加入「零風險事業」，是被一位陌生人所推薦的。我和他只見過兩次面、聊過幾句話而已，並不是很熟悉的人。大約一九九八年七月左右，這位嚴先生，直接了當地問我：「陳先生，有一個很棒的事業，不是保險、不是直銷，您想不想聽聽看呢？」

當時，他徵詢我的「時間點」很恰當。因為那時我真的很想創業，也很想有一些好的「機會」。我曾經營過連鎖店，也開過廣告公司、企管顧問公司，但是做生意有時是隔行如隔山。每一門生意其實都有它各自的生意經，也就是都分別有它的Know-how。如果不去實際接觸，也許就和「機會」擦身而過。於是，我就開始去這家公司進行了解。

經過觀察與體驗之後，我能很快地抓到訣竅，是因為我了解這家公司和一般的公司作法不同。尤其是這家公司的事業模式很特別，它的目的並不在於賣貨，重要的卻是想要留住顧客。它有一種經營的方式是我前所未聞的，也就是「六十天百分之百滿意保證」。如果一位顧客使用產品之後不滿意，六十天內都可以退貨。這一點讓當時的我非常震撼！怎麼有這種事呢？我幾乎不敢相信。同時，我也認為產品不讓人先用過，怎麼談得上好不好？只有讓人試用過，才能知道真相呀！不使用怎麼知道？基於這樣的邏輯觀念，我就自己買了一套產品來試用看看。結果我自己用得很滿意，但是，我認為，萬一有朋友用得不喜歡，是不是真的能退貨呢？

我既然心存疑惑，就試著和公司部門接洽，問他們說：「我買了貴公司一些產品，想退貨，可以嗎？」

公司竟然真的回答我說：「不滿意的話，是可以退的！」

然而，聽了公司這樣肯定的回覆，我反而毅然地說：「哦？真的可以退嗎？………好，那我不退了！」我不僅不退貨，我還想著，能在這樣有誠信的公司經營這個事業，應該是正確的選擇！我想，我後來會在這個事業上經營得那麼好，可能和我當初對公司印象極好有關。

當初，我的理念是，既然這家公司有三百多款產品，那麼即使不會每一件都令人滿意，可是消費者總不會每一件產品都不滿意、每一件都要求退貨吧！於是，剛開始，我用兼職的方式來試試看。不料，我這種理念和公司的理念竟不謀而合。公司的旨趣，果然並不是要我們去找顧客來

「做」，而是去找顧客來「用」。換句話說，它不是事業導向的，而是產品導向；它重視的不是要我們來銷售，而是希望產品能讓顧客滿意。

後來，我就發現：顧客在長期使用產品的過程中，不論是喜歡或嫌惡，通常三至六個月內就會「表態」。根據統計，我們的公司會有高達百分之九十五的顧客回購率；愛用者當中，會有百分之十三的顧客在使用產品之後，不但愛上產品，甚至會自動要求經營這個事業。這公司很特別，它建立了一套「大數據」的資料檔案，對會員的喜好和資料都掌握得很精確。一般公司常常缺乏對顧客的用心，因而對自己的「顧客」在哪裡都不知道；而我們的公司由於必須具備會員身分才能買貨，所以把會員的資料都保存很完整，包括會員的年齡層、居住地區、消費習慣、購貨狀況、滿意度等等，都存留在「大數據」中，記載得一清二楚，並給予長期追蹤服務。

幸運與努力，是事業成功的雙翼

一個人在一個事業中要成功，得要有兩個條件，就是你要非常非常的「幸運」，不然就是你要非常非常的「努力」。而這兩項，我則是兼而有之。

在一九九八年七月加入「零風險事業」之前，我最後一個上班的工作是在一家大型貿易公司做專案負責人。說起來，我並不是離開有線電視立刻就轉戰「零風險事業」的，而是與當時的董事長合作去開連鎖店，同時我自己也創業開了企管顧問公司，還開了兩家廣告公司。在這裡體會到，我們不應該太看輕對手，同時也太低估傳統生意的競爭和投資風險了。在做傳統生意的過程中，我們的支出很固定，但是收入不穩定，常常要每個月拿錢投入，事後也多以賠錢出場，我常常在思考：我是不是錯過了什麼機會？我是不是錯過了什麼事業？年輕的我，人生充滿了夢想。

我以前開了兩家廣告公司，一家開在新竹科學園區附近，一家靠近台南仁德工業區，原來的想法就是想要做工業區裡那些大公司、工廠的生意，因為這些公司、工廠會需要印製公司簡介資料，也需要做員工識別證、房牌、職位牌、產品展覽室、需要做燈箱、消防指示牌、工廠布置標示等，如果和他們做上了生意，以後應該可以很穩定的接到生意訂單。

我記得，有一次到一家上市公司洽談設計新展覽室的生意。我和承辦人員討論了以後，他回辦公室去找資料給我，我一個人就在房間內勘查，這時剛好來了一個該公司的外國顧問，他就和我攀談起來。我們用英語聊了一會兒，就在外國顧問離開後，承辦人員進來問我說，你會講英文嗎？我說不會呀！他說，你剛才不是和老外聊天嗎？我說，沒有啦！我只是一個小工人，怎會說英語？只是簡單 Hello 幾句而已啦！因為我從來不讓我的客戶知道我以往的學歷背景，更不會說我是老闆，總是穿著T恤牛仔褲假裝我是打工仔。因為如果客戶有抱怨，或是砍價時，我才可以採低姿態，拜託說不要砍得這麼凶啦！我回去會挨老闆罵的！做大公司的生意有個優點，就是不怕倒，但是因為他們會找三家廠商來比價格，所以價格不易拉高。最慘的是，貨款是以六個月的支票支付，要賺他們的錢也真的不容易很辛苦！

開店做生意，你也很難挑選到對的客人，有一次來了一個大客戶，是要競選市議員，要做很多的競選旗幟和文宣，我很高興接到這筆大訂單，更高興的是，客人甚至還不斷追加印製文宣品的數量，我想想就覺得很開心，因為可以大賺一筆了！以後他當選後，我還會有更多生意可做！不料，事與願違，這名候選人落選了，尾款沒有付清就落跑，反而讓我白白損失了一大筆錢。

不知道你們會去算命改名字嗎？我透過好朋友介紹，聽說某市場一個賣肉乾的鋪子，有個留兩撇鬍子的老闆很會改名字。我也想去試試，結果被告知改一次要台幣二千元。當我去拿我的新名字時，他是從兩個大麻布袋中找出我的資料。哇！一個信封二千元，那兩大袋的改名收費利潤至少達到幾十萬元。他幫我改名的結果，叫做「陳俊佑」，我就印了一盒名片，但印象中後來並沒發出去幾張。有一天，我去一個開錄影帶店的好朋友家中，他介紹他的弟弟「俊佑」給我認識，我問他說你是改名字的嗎？他說是啊！我繼續問他，是在市場賣肉乾、留著兩撇鬍子的老闆那邊改的嗎？他說：你怎麼知道？天啊！我們兩個人不論年齡、長相各方面都很不一樣，但結果卻都改成「俊佑」！難怪有那麼多的「菜市仔名」都一模一樣！但是，最有趣的是，一年多後，有一位只見過兩次面的人，打電話給我，問我：你是陳「俊佑」先生嗎？我愣了一下，因為我已經不用那個名字了。他說，我這邊有一個「零風險事業」的機會，你可以有空了解一下嗎？他是引介我進入「零風險事業」的貴人，一直到今天，我一直在想改名字這件事，那真的只是求心安，還是真的是個「神奇改變人生」的因緣？

不要因急著創業，而一腳踏進紅海

一般人通常會以既有能力來選擇生意，因為無需再去學習，切入容易，自己也有能力勝任。但經驗告訴我，你可能進入了一個「紅海」的競爭市場，不僅競爭對手多，而且利潤低，甚至是個「夕陽」生意。我發現很多傳統的上班族，只因為一心想要創業或是厭倦了上班，可能會落入想開店、自己做老闆的既定軌道，因為只想擺脫上班的壓力，以為自己當老闆會比原來上班好，因此拿出積蓄，甚至貸款、標會，而去開一家手機店、咖啡廳、或是影印店，結果可能賺不到錢。幸運的話，扣除房租、水電等固定開支，剩下的大概剛好夠發自己的薪水而已，不見得會比原來上班好，因為收入不穩定，但是房租、水電費等卻很固定，都是必要的開支！有些開店老闆，就變成在照顧店面的時候玩玩股票，甚至漸漸以股票收入為主，店鋪生意只是賺取一些現金收入來周轉而已。我有一位馬來西亞的合夥人做營造業被倒，自己就投資開個時下流行的越野腳踏車店，景氣不好，收入不固定、支出很固定，到最後他發現開店是他拿自己的錢去換得工作，賠錢放人是最後的結果。

我和有線電視公司陳董合夥開了幾家大型的休閒茶棧，裡面有包廂可供休閒，營業面積將近一百坪，目標是要推加盟，總店開在台南市成功大學附近的商圈。雖然我有科技業高管的經驗，陳董具備豐富的創業以及有線電視的成功經驗，但是談到開茶棧這回事，我倆可都是外行，雖然事前也做了很多的商研市調，但是後來證明是失敗的。就在我們選好地點，開始裝修的時候，原本對面有一家大型茶店也快完工準備營業，想不到他們完全停工下來，甚至完全更改原設計，改成和我們一模一樣，後來才知道，他們決定實施所謂的「價格割喉戰」，以更低的價格來和我們競爭，因為他們是在地人的優勢，要讓我們虧損而撐不下去。我們在慘淡經營一年多以後，果然認賠出場了！我和陳董都損失了不少錢，這件事給我很大的領悟：傳統競爭的生意就好像打高爾夫球賽，今天你打得很好，打了七十桿，但是沒有得到冠軍，因為對手打出了六十八桿，這就是市場拚鬥的結果，努力是必要的，但是光努力是不夠的，必須要贏過對手才能生存下來，這樣「紅海」市場的競爭，是新鮮創業人士想像不到的。

隔了不久，有一位過去在中科院認識的軍火商，和我面談之後，覺得我很不錯，他想挖角我到他的貿易公司上班。那時我曾經被有線電視的老闆嚇到了，原來創業是這麼的有趣！一個小學沒畢業的人都能把事業做得這麼好！那麼，這位大貿易商的工作又是怎麼辦妥的呢？也引起我很深的好奇和求知慾，很想前往他的公司學習怎麼做貿易。所以，我就到該公司去工作了一年多。在這個過程中，我確實在公司學到很多從前不了解的事務和經驗。自從我接觸了「零風險事業」之後，我真的是非常非常的認真，白天在貿易公司上班，下午五時半下班之後，就兼職我的「零風險事業」。這是我的第二份事業，所謂「人有二畝田，白天的一畝田是填飽肚子，晚上的一畝田是耕種自己的未來。」這句話充分說出當時我的心態。為了夢想，我是絕對不肯錯過任何機會的！

我在貿易公司擔任專案經理的時候，負責幾項工作，包括銷售路邊計時收費停車表給市政府，以及軍用設備的銷售與售後服務。還有最特別的是，從美國進口冷凍雞肉銷售給台灣的肉品公司，所以我的客戶對象跨度很大，除了台灣的行程以外，也必須前往美國以及新加坡出差，讓我覺得工作多采多姿，也非常具有挑戰性，我很享受工作帶來的樂趣，我非常渴望多學習以加強自己的各種能力，更希望未來有機會也開貿易公司。我記得當貿易公司老闆決定要代理美國冷凍雞肉時，我用非常訝異的眼神看著他，不會吧？從軍機做到肉雞？當我進入這個領域後發現，真是隔行如隔山，當我去拜訪全台灣最大的幾家肉品公司時，他們都問我：你是哪個學校出來的？在他們的領域，可沒有聽說過我這號人物！我笑著告訴他們，我以前是搞戰鬥機的，現在才來搞肉雞，於是他們不斷問我有關戰鬥機的事情，而我總是不斷從他們身上請教、汲取肉品方面的知識。有一次，我帶領台灣肉品公司的老闆以及高管們到美國參觀工廠，以利直接下訂單採購冷凍雞肉，那時入境美國海關是相當嚴格的，我帶的老闆們有些不會講英語，我都在一旁幫忙回答為何要入境美國，我用很簡單的話：我們到美國來買雞肉（We come USA for buying chickens.）因為是採購團，所以入海關相當快速而且受到歡迎。我必須帶客戶參觀自動化肉雞電宰工廠，客戶參觀完就在工廠內食用新鮮的烹調雞肉，協商價格後，客戶就直接下訂單購買雞肉，因為對該城市的直接貢獻，美國市政府的官員還專程接待我們吃飯，帶我們到城區觀光旅遊，甚至還頒發榮譽市鑰給我們！

我相信一般人沒有參觀過自動化肉雞電宰工廠的經驗，我更相信你不會想參觀第二次！貨車將雞隻運到之後，首先將雞隻電暈，然後自動化生產線將雞隻電宰，熱水清洗，切塊，包裝，我們參觀時必須穿著消毒的衣服，空氣中瀰漫著血腥的味道，最恐怖的是，參觀完就是吃現做的雞肉，我感覺非常殘忍噁心，幾乎難以下嚥！

由於看到肉雞的市場，我曾一度向想要成立肉雞加工的中央工廠，來創業做串烤的加盟總部，推廣連鎖加盟店，但因為母親的一句話：「不要做殺生的生意」，而讓我打消這個念頭。我看到其實各行各業有很多機會點，但是確實需要有貴人和機運才能接觸得到，也要有資金，以及技術的背景，而我接觸了很多的產業，總算讓我了解哪些真的不太適合我做。而我也一直思考，我這麼優秀、這麼努力，可是仍是庸碌一生，那麼我的機會究竟在哪裡？是否錯過了什麼機會呢？

創業要積極的像一個教徒

在兼職從事「零風險事業」後，我的發展「速度」非常快，甚至超過專職的人。主要是因為下了大決心，也看懂這是可以做大的事業，「零風險事業」比我以前做過的任何項目都要好，因此，我把我的能量潛能全部發揮在這裡，全力以赴要把它做大！一九九八年七月開始兼職，到當年十二月我就晉身為資深總監。那時我的顧客發展到四百多位產品的愛用者。然後再經過四個月的努力，總共十個月的兼職之後，我才正式成為專職的經營者。能在一年內晉升執行總監，成為兼職位階最快晉升紀錄的保持人，可以說非常的幸運！那時我一個月的收入就已經達到台幣三十萬了！

「零風險事業」為什麼好做呢？因為它的產品是本來一般家庭就少不了的，全是生活中必要、而且本來就用得到的東西。我都依照每一個顧客的需求，把他們分為A、B、C等不同的組別，然後加以服務。我們其實只是讓顧客換一個地方、換一種品牌來買他原本就該買的生活用品而已。如果不喜歡，還可以退、換貨。這不是一般傳統的店家做得到的。想要買貨的顧客，還可以從我們這裡得到各種的諮詢和協助。

根據我當時兼職經營的經驗，兼職從事「無風險事業」要想成功，我認為應注意以下幾點：

1、兼職時間有全職態度：

雖是兼職從事，心態卻是專業的。換句話說，你得把自己訓練得比專職者老練才行。對公司的背景、產品的專業知識都要勝過專職者，這樣你在面對潛在顧客（可能成交的消費者）時，將會遊刃有餘。

2、積極性要像一名教徒：

資料、產品隨身攜帶（可放置於你的汽車或手提箱內），見機行事，有機會就做分享、推薦。你得把產品當成一種宗教似的，三句不離本行，只要養成「順便」的生活習慣，就不會浪費時間了。

像個教徒一樣熱誠、執著，令人感動，但不可像個拙劣的傳教士一樣喋喋不休。

3、借力使力成功不費力：

充分利用你的團隊資源，只要帶朋友參與「創業發表會」或「家庭聚會」，就可請在場的上級幫忙解說，並活用ABC團隊傳承法，請比較懂這個事業的領導者協助。

4、尋找行銷高手來合作：

在行銷界極富經驗，善於發展市場的人，我們通稱為「老鷹」（會抓小雞）。能找到這樣的高手作事業夥伴，有助於迅速發展市場。

兼差做「零風險事業」的人，無異於隨時要與時間「拔河」，所以邀請朋友「辦會員卡」之外，如有行銷高手共同合作，把團隊發展得較好，卻會使你更快爬升到較高的職位。

我有一位合夥人，他們夫妻是保險界的菁英，在保險業十七年，我鼓勵她從兼職開始建立真正的「持續收入」，她在開發及與人溝通的能力沒話說，業務能力非常好，我們合作愉快，現在她們的生活住豪宅、每年有數百萬元的持續收入，快七十歲的人真正享受自在生活，成為一位手心向下的富媽媽、富爸爸，這個事業也讓她的一對兒女，也與她一起投入。要發掘人才，有時你的人品道德及耐心、熱情、誠信的風格形象會為你帶來幸運！

創業好比傳教與修行，找到彼此之間的信任點，要有耐心、心中要有愛心、讓對方瞭解我的苦心。延攬人才更需要能將心比心，做生意利人才能利己，做事業在培養人才中往往有不可言喻的成就，做事業又能交到患難與共的知心好友，生活中充滿樂趣，為人師且每個人也是自己的老師，在這世上天生我才必有用，看優點比看缺點更能幫助人，負面思考的人往往讓自己陷入困難深淵。我雖不善言詞但真心的付出與關心，遲早會開花結果。

先認識你自己是誰，再決定你要成為誰！我的工作是每天去幫助別人後而幫助自己，這個社會上有很多種人，有人先甘後苦，有人先苦後甘，無論是那一種人，都是需要透過後天的努力才能享有自己富足快樂的人生，在自己生命中做一位樂觀進取的人，用快樂溫暖的心去體驗生活的每一部分，要把「吃苦當做吃補」，寧願拼搏自己的人生，也不要成為「籠中獅子」。我有一位優秀合夥人，他脫離上班的工作，決定與我們一起打拼事業，他告訴我；他說他明明就是隻勇猛的獅子（有能力的人），怎麼甘於每天在籠中等待主人給肉呢？（領固定薪水），剛出籠（離開工作）怕怕的，不太適應，現在呢？寧可辛苦在外面獵食自己打拼，也不願成為「籠中獅子」。其實，這跟我決定全職創業的感受一樣，有點怕、有點慌，好像時間多出很多，兼職時間不夠用，怕全力以赴沒事做，其實，那都是心理作用，因為我們習慣在過去的習慣領域，突然碰到改變因為心裡還來不及適應，就會產生恐懼感，只要下決心，經過二至四周的適應，你就全然歡欣喜悅、接受全新的自己。

我有一位合夥人，原本在證券公司當小主管，兼職經營「零風險事業」幾個月以後，收入就達到和上班薪水一樣高，剛好碰上證券業不景氣，公司提供優惠資遣的方案，她第一個舉手願意被資遣，因為他一直希望能夠有更多時間照顧小孩，以及更多的收入能夠陪父母到處旅遊，現在的她不僅事業有成，而且是時間的主人，和家人享受溫暖的親子時光。

還有一位合夥人，退休下來的檢察官，是一位現任的律師，也是一位虔誠的基督徒，有著樂觀的性格，長期免費幫助弱勢的人法律諮詢，她與我們合作的動機，是為了幫助原住民及弱勢群體擁有一份持續收入，她非常忙碌卻又撥時間來經營「零風險事業」，我非常欣賞與感動。我相信這樣喜歡助人的人，我們一起合作，一定能幫助更多的人。馬斯洛理論（Maslow's hierarchy of need）提到，人必須是先完成生理需求，才能談自我實現，從我的創業過程中，我很清楚，必須幫助相信我、認同我的人，幫助他們改善生活、解決困難。我的使命是，在這個世界上不斷尋找需要幫助的人。當我下了這個決定，神奇的事發生了！宇宙之間看不見的力量，能讓千里之外的人相識。我的合作夥伴遍佈全球，到新加坡剪綵、到世界各地演講，現在的我每天都在創造自己的生命價值，人與人面對面接觸、網際網路的空中聯結，每天都有新鮮事發生，新的朋友產生，這樣的事業實在太有趣了。

幫助弱勢團體和沒本錢的人打天下

近年來，我發現「零風險事業」不僅可以幫助自己致富，還可以幫助很多的弱勢團體和沒有本錢的人，真的很棒！

在我們的身邊，就曾經有一個台灣夥伴的故事。那是發生在九二一大地震，當事人是台中的受災戶。房子倒了，還好人沒死。惟恐還有餘震，於是他半夜趕快逃出去。但是，身無分文也不行，後來就又冒險逃回去搶救一些財物和衣物。我們去安慰住在台中災區的她，她反而告訴我們說：「房子倒了沒關係，再把它買回來就好了。」因為他有「零風險事業」的機會，還有機會再爬起來。透過努力，後來她果然在台中市買到更好的房子。

另外，還有一個我們夥伴的故事。這位夥伴很優秀，是留美的學人，會五種語言，外型也非常好。他是家裡的老么，他的幾位兄長共同創立了全馬來西亞最大的上市公司，做的是機場、地鐵、高速公路等公共建設的營造公司，分別都是大老闆或營運長。他太太是保險公司內部訓練部門的主管，而他本身則是做直銷的，希望擁有自由和持續的收入，以及更好的生活品質。他的夢想是跟著F1賽車去環遊世界，以及參加所有的奧運會。沒想到，他的太太才三十多歲就罹患肺腺癌。他為了救老婆，不惜任何金錢，嘗試過各種偏方妙藥，仍無起色。患者在家人的鼓勵下，練氣功、信上帝，最後肺癌好了，卻轉移成骨癌和腦癌。

我是在一個偶然的情況下認識了他。那一年，他們夫妻一起來台灣考察，我剛好得到「年度風雲人物」獎項接受表揚，他老婆就對他說：「將來若馬來西亞有機會經營『零風險事業』，希望能跟著陳老師學習。」後來，他在我們馬來西亞的分公司樓上碰到我，主動和我打招呼，並表示希望和我合作。後來，他真的來和我合作、成為我的事業夥伴。我去了他家之後，才知道原來他太太身體出了重大狀況。知道這一切之後，我就明白他需要這個機會，我決定盡一切可能幫助他。現在經過了四年，他的「零風險事業」在馬來西亞做得非常成功。而他的夫人當初一直撐著，等他的收入達到非常穩定（月收入一萬馬幣）的階段時，才安然離世。

還有北京，有一對八〇年後出生的優秀夫妻，太太是位教育博士，也是一位知名上市公司總經理及創始股東。先生是北京解放軍三甲醫院腫瘤科主治醫師，他是來自大山得靠自己辛苦打拚的人。行醫期間，每天過著起早貪黑的日子。天還沒有亮就出門，摸黑回家，小孩都睡了。工作非常忙碌，連生小孩的時間都沒有。他們不缺錢，缺的是時間。但是由於「零風險事業」，生活就比較游刃有餘，現在懷了第三個孩子，日子過得比較滋潤了。

台灣我有位年輕合夥人，是一位九〇後出生的美商理財專員，他在中部業績冠軍月入台幣十萬元。據他表示，自己是由外婆養大的，曾經在澳洲遊學打工兩年，是位非常努力的年輕人。有頭腦，有行動力，又能吃苦，大學學的是財經，經過仔細評估後，就決定全力以赴。他說，看到我們的現在，就知道這是他的未來！他說，要快點努力，才能讓阿嬤及未來的家人過好日子。

我們在鼓勵別人的同時，往往也會把這份善心回向自己。因為你會發現，很多優秀的人都很努力。我在新加坡有位合夥人，先生是機場航管人員，工作一做四〇年，太太是裝修公司的老闆。因為健康上的問題，碰到「零風險事業」，在改善健康問題後華麗轉身。他們現在六十多歲，榮獲二〇一五年新加坡年度風雲人物，也是因為零風險事業帶來的機會。

又有一次，我在台北講課分享成功經驗時，突然發現有一個人斜對著我坐著。當我在講課時，他一直在對著後面的人比手畫腳，我終於弄懂了。原來他在比手語，讓後面的聾啞人士聽。於是我刻意放慢了速度，讓他方便從容地表達我的講詞的意思。這使我想到，現代科技的發達，真的在經營「零風險事業」時，可以善用智慧型手機的視訊功能，達到「零距離」的效果。尤其在幅員非常廣大的大陸地區，由於手機方便、互聯網方便、通訊軟體也方便。確實有人因為善用工具，省時省力，還能在一個月內做到三十萬元的收入！真是福音啊！

第五部曲

無趣的人也可以變成行銷高手

颱風天幹活，逮到大老鷹

在我加入美商公司、從事「零風險創業」初期，我必須一個一個的建立我的客戶群。我的經營策略是先告訴我的好朋友，請他們進來這家公司看看，並且試用一下公司的產品。從親友開始介紹，是最省時省力的，也是最有效的。我第一個月，先是介紹了八個人參加；第二個月就介紹了十六個人加入；第三個月也介紹了十六個人，這樣就介紹了四十個人。一九九八年歷經七、八、九月，到九月底的時候，我的人數已經「倍增」到一三二位顧客了，平白多出了九二個消費者！除了愛用產品之外，這其中也包含了五、六位「零風險事業」的「經營者」。我都是用從前經營有線電視顧客的方式，告訴他們「這就像使用有線電視一樣」，按期付費，享用高品質的服務。另外還說明一些「滿意保證」、「消費回饋」等等的訊息。

大約在十月、十一月之際，我們的一位朋友介紹了A女士給我們。這段過程，可說是奠定了我們初期的勝利基礎。這位A女士當時仍然在經營其他的事業。所以我約了好幾次要見面，她都一直拒絕我們，但是我從不放棄，因為我認為這個事業對她非常適合。我就靜靜地等待著，直到有一天，她竟然真的答應和我們見面了！記得那是一個颱風天——頂頂大名的「瑞伯颱風」降臨了，我們再度約她見面。

她說：「不會吧！這樣的一個颱風天，你還敢約我？」

我說：「不會吧！這樣的一個颱風天，你還是沒空？」

她笑了笑，我就約她在她家附近的麥當勞見面，她與先生一同赴約。沒想到，在麥當勞坐不到十分鐘，店面就要打烊了，因為風雨實在太大。於是，我們約她第二天再來見面。後來我們特地為她安排了一項講座，請我的事業啟蒙老師專談「零風險事業」的特色。

由於採用各種簡報和數據，作出真實而有力的訴求，讓他們動容了。經過進一步的了解之後，他們終於和我們一起合作，共創事業。由於A女士原本即有做業務的經驗，同時我也已經累積了好幾個月的成績、技術、經驗，也才有機會說動這樣一位傑出的好手，投入我們的事業！

所有的事業的起步，都需要一些「助力」，這段經驗就是我的助力。有一個故事說：

某個犯人知道監獄裡的信件都會事先被篩檢。

當他收到老婆寄來有關家中花園的信，信上寫著：

「親愛的，我們什麼時候要種馬鈴薯呢？」

他回信寫著：「不管在任何情況下，都不能挖開花園裡的任何一吋土。我把我所有的槍都埋在那裡。」

幾天後他老婆回信了：「六個調查員到家裡來，他們把後院裡的每一吋土都挖遍了。」

她收到老公的回信寫著：「現在是種馬鈴薯的時候了。」

這就是一種「借力使力」的商業策略。一個有行銷概念或工作經驗的人，就好像一隻老鷹，在任何相關工作的公司找職業，是輕而易舉的。同時他也會有一雙「鷹眼」，足以蒐尋更多的人才！

傳統事業的老闆喜歡人才，「零風險事業」也不例外，畢竟我們也是當家做老闆啊！不過，從事「零風險事業」這一行，你當老闆，你找來的人並非你的夥計，他也是老闆。我們的關係只是「合伙人」或「事業夥伴」。千萬必須以禮相待。何況他既然是一隻老鷹，也不是那麼容易「抓」的。

深夜十一時前，車頭不往家裡方向開

在我加入「零風險事業」的時候，我就告訴自己：我之所以拋棄過去收入那麼好的工作，就是因為確認這是一個更好的機會，我絕對不能輕易放棄。所以，當時我有一個座右銘，就是：「晚上十一點以前，車頭不往家裡的方向開！」意思就是不到晚上十一時，決不考慮回家睡覺。當時我往往在下午五時半下班就自己開車，或坐中興號到桃園，忙我的兼差事業，常常工作到十一時，才準備回台中，到家已經凌晨一、二點，而次日上午八點還得上班。那時我其實身上扛著四份工作，除了貿易公司之外，我的連鎖店、廣告公司仍然開著，每週我還在朝陽科技大學、中台科技大學兼任講師，可說相當忙碌。

有一次，我夜間在外面待到很晚，總算該面訪、該接洽的工作都告一段落了，習慣性地看一下手錶，嗯，才十點半而已，還太早！想到自己的誓言「晚上十一點以前，車頭不往家裡的方向開！」，立刻把已經快要開到家的車子再倒車回來，在家附近的一家咖啡館，再坐下來，看資料、列名單、排順序等等把次日該做的事情，先行準備一下，就是要遵守誓言，真像大禹治水「三過家門而不入」那麼認真！

「三過家門而不入」的風格，苦嗎？我認為這是一種「敬業」的態度。

發明大王愛迪生一生熱愛工作，有時一天只睡四個鐘頭，工作時間往往長達十八個小時以上，但是他卻樂在其中。

如此龐大的工作量，別人看來，他簡直是一個勞碌不堪的苦行僧，但是他自己得意地說：「我這一輩子從來沒有不工作的一天，我每天都在實驗室玩耍，快樂無比。」

當他八十高齡時，有記者問他何時才會退休。愛迪生回答：「大概在我葬禮前兩、三天吧！」

自從我投入「零風險事業」後，就不再改業，這就和愛迪生一樣的「敬業」。

清代的曾國藩是中國歷史上最有影響力的人物之一。他年輕時代，有一天在家讀書，對一篇文章重複不知道多少遍了，還在朗讀，因為他還沒有背下來。這時他家來了一個賊，潛伏在屋簷下，想等他睡覺之後偷點東西。可是左等右等，就是不見他睡覺，一直翻來覆去地讀那篇文章。賊人大怒，跳出來說，「夠了！夠了！讀了這麼多遍，我都會背了！」然後一溜煙逃掉了！

「老千計、狀元才」，賊人的智商，恐怕比曾國藩更高，但是他只能成為賊，而曾國藩卻成為毛澤東和蔣介石都非常欽佩的人。曾國藩如此用功，可說天道酬勤——誰也無法依靠天分成功，只有勤奮可以將天分變為天才。

「勤能補拙是良訓，一分辛苦一分才。」那賊的記憶力真好，聽過幾遍的文章都能背下來，而且很勇敢，見別人不睡覺居然可以跳出來「大怒」，且教訓曾先生之後，揚長而去。但是遺憾的是，他名不見經傳，曾先生後來啟用了一大批人才，按說這位賊人與曾先生有一面之交，大可出來施展一番，可惜天賦沒有加上勤奮，變得不知所終。

偉大的成功，是和辛勤的勞動成正比的，有一分勞動就有一分收穫，日積月累，從少到多，奇蹟就可以創造出來。

追逐目標，心無旁騖

我先是由兼職慢慢過渡到專職的領域，光是我們的產品相當多，每一種產品的功能和相關知識，就足夠我們學習了。在生活中，有一些人對什麼事都想學。學習時，則不專心、不深入地刻苦鑽研，結果是一事無成。為什麼會出現這樣的情況呢？正如圍棋大師林海峰教導吳清源時所講的：「逐兩兔，則一兔不得。」一就是說一心不可二用，一個人無論做什麼事，都不能採取走馬觀花的態度，什麼事都不想做，什麼事又都不下苦功地去做，結果一事無成。

因此，我們只有一心一意地對待自己所做的每一件事情，做到用心專一，踏著「專心」這一基石，一步步不懈地向著目標邁進，最終才會到達成功的彼岸。

至於有人問我，過去「科技菁英」的經歷和現在做生意的人際關係，有沒有衝突？

當然有的。我以前都沒有從事業務的經驗，我所有的職務都是做「管理」職的、做傳統事業的老闆，現在卻要與一般社會人士頻頻接觸，做業務的工作，起初自然有些格格不入。但是，我現在做的是一筆二千元台幣的小生意，何況還是一般人家居生活都用得到的生活用品。這樣的推薦，就沒什麼為難的。我可以用一種適當的態度、「理直氣和」的方式去昭告天下，向人解說。所謂「成功不必在我」，意即顧客不加入事業經營的行列，我也不會生氣；顧客願意加入經營者行列，那我們就來合作。就是這樣，我一向用非常健康的心態，去面對我的事業。在對的事業、好的產品以及合理的價格之中，我抱持著的是和有意願的顧客良好溝通、互利雙贏的決心！要我低聲下氣地「求人」，那是沒必要的；我心中想的只有「助人」，用的都是不卑不亢、進退有禮的態度，去和顧客溝通。

其實，人的個性是可以改變的。透過成功學的原理，我發現一個人只要擁有很好的目標，就能忘掉一切。有一個故事這樣說：

父親帶著三個兒子到草原上獵殺野兔。在到達目的地，一切準備妥當、開始行動之前，父親向三個兒子提出了一個問題：

「你看到了什麼呢？」

老大回答道：「我看到了我們手裏的獵槍、在草原上奔跑的野兔，還有一望無際的草原。」

父親搖搖頭說：「不對。」

老二的回答是：「我看到了爸爸、大哥、弟弟、獵槍、野兔，還有茫茫無際的草原。」

父親又搖搖頭說：「不對。」

而老三的回答只有一句話：「我只看到了野兔。」

這時父親才說：「你答對了。」

漫無目標，或目標過多，都會阻礙我們前進。心無旁騖地追求主要目標，才是明智的行為。

我被朋友的媽媽轟出去

基本上，沿街兜售、抓人賣貨，這的確不合我的個性，但是，畢竟我們夫妻經營的事業是一家好的公司，產品、價格都沒有問題，那麼我就可以大膽地向顧客推薦，邀請辦卡。所以，既然是一家適合我個性的好公司，那麼我來到這個環境，還需要調整什麼呢？我不過是真實地反映我使用公司產品的感覺，忠實地向我的朋友告知而已。那何難之有？一般來說，「約人聊聊」絕沒有問題。

但由於過去台灣曾經有些老鼠會的陰影，使得某些人仍然會斷然拒絕，這才是「挑戰」的開始。記得有一次，我受邀到某一位潛在顧客的家吃飯，竟然還被他那不了解我的媽媽用掃把我轟出去！說什麼「以後不要來我家啦！」諸如此類的事情，在二十一世紀的今天，還屢見不鮮呢！

綜合來說，在我們的成長過程中，必定會經歷挫折，如何看待及處理，是一堂很重要的課題。我到現在都還記得，事情是發生在我經營「零風險事業」時，主角是我的一位朋友的媽媽；那時我還很年輕，也許是因為我是她兒子的朋友，她對我非常好，時常去他們家裡吃飯，朋友的媽媽也常常在我臨走前給我很多水果，生怕我吃不飽、營養不均衡似的，令我非常感動。

可是，當我決定開始創業，我很興奮的去和他們分享，但事情完全出乎我的意料之外，朋友的媽媽是拿著掃帚把我趕出去的。當時的感受，當然是非常的難過，覺得他怎麼會用如此激烈的手段來排除自己不能接受的事情。現在回想起來，我只能說實在是太有趣了，那像一面鏡子，提醒自己，不要太尖銳地對待別人。雖然是一個令人難過的小故事，但是當時的我真的是想把我認為好的產品推廣出去，請他們換個品牌用用看而已，不知為什麼她的反應會這麼大？當然我也有檢討自己，也許我給對方的感覺不好，或是其他的原因，所以這個事件我一直謹記在心，時時提醒自己，每個人的感受都是不同的，要多站在別人的立場上來設想。為人處事要「同理心」、「將心比心」是我最大的體會。

後來，我檢討一下，認為是溝通的技巧出了問題。所以，現在我都請團隊的成員注意溝通的態度，不要太急切，也不要讓人感覺要叫他「做」什麼，而只是要建議他換一家公司、換一種品牌「用」一產品。讓別人用產品，你就是財神爺、幫助別人健康的土地公；如果溝通不良，別人就把你當作討厭的瘟神！這是兩種不同的結果。

不過，反過來說，「老鼠會」的陰影，確實也是人生中無法跳脫的框框：

有一次，一位心理學家作了一個趣味的實驗，用以說明他的理論。

他請一位在場的朋友口中唸上『老鼠』這個名詞十次。

對方說：「為什麼呢？」

心理學家說：「你先不管什麼原因，照著做、認真地做，就可以了。」

於是，這位朋友不再一臉狐疑，果然照著心理學家的意思，認真而小心翼翼地唸出「老鼠、老鼠、老鼠……」同時手指頭也在幫忙計算次數。

數完之後，心理學家迅速地對他說：「我問你——貓最怕什麼？」這位朋友也立刻搶答：「老鼠啊，怎麼啦？」現場的聽眾中爆出少數幾個笑聲，答者才突然醒悟，很尷尬地笑著說：「對了，怎麼回事？貓怎麼會怕老鼠呢！」

這是一個簡單的對話，心理學家用比較冷靜的態度來解釋這一件事情。

老鼠怕貓，貓不怕老鼠，這是天經地義的事。但是，如果有一個人連續說了十次「老鼠」，這個「老鼠」就會進入他的潛意識，只要問到和老鼠相關的事物，他常會不假思索地輕率回答：「老鼠。」這就是為什麼鬧出「貓怕老鼠」結局的緣由。

社會上萬事萬物也是一樣，眾矢之的，通常也會有「老鼠效應」；所謂「千夫所指，無疾而終」，說明的正是人們習於固守原先的思考模式，而始終難以跳脫出那個潛意識的框框。

要有把吃苦當做吃補的勇氣與生活態度

創業方式有很多種，一種是有足夠的資金來創業，創業家中有金援來支撐，很多富二代都是這樣創業，我沒有這樣的富爸爸，我來自貧窮家庭，對我來說，這樣的創業是想都別想！有些人會集資創業，就是所謂的合夥，風險壓力都極大，如果成功賺錢，大家開心；如果賠錢，往往連朋友都做不成！我也看了好多好多的實例，人性真的是很脆弱的。我的個性是能吃苦耐勞，做事也非常努力，但我知道，必需經過一番努力，並且秉持耐心去等待收成。我需要的是「機會」，是「只要努力就能改變未來」的機會。但我深深知道不能「投機」，很多人誤把「投機」當「良機」，往往傷人又傷財。

擁抱「改變」，是非常重要的。當你極度渴望成功、下定決心要成功、開始專注你要成功的事情上面時，思考開始不同，既然沒有失敗問題，想像未來的美麗人生是如此美好，剩下就是努力跟老天爺的問題。我的世界開始不同，首先訂目標及面對時間問題？如何在無風險兼職創業達成目標？在不影響白天工作，我訂下用兼職時間、全職態度來創業，下班後創業，態度對了，你會發現下午五點半到十二點的時間就夠多了。成功者充分運用時間，有效的時間管理尤其重要，對我來說，每件事都是事前安排的，對臨時突發的狀況（晚上應酬）我都能有效掌握，清楚明確的知道，有效率運用時間才會有產能，有產能才會產生想要的好結果。

每個人都想成功，都想賺錢改善生活，都想變成人人尊敬的人，如果沒有強烈的動機如何做到？在我心中美好人生方程式，我明白達成目標過程不會一帆風順並可想像困難重重，當我們被人誤解、被人趕出來的當下，堅持相信唯有努力再努力、學習再學習、改變再改變、堅持再堅持的勇氣，就能抵達目標點。學校沒教我的是我成長過程中，把吃苦當做吃補的勇氣與生活態度。

凡是人心所能想像的，終將實現，我認識擁有頂尖聰明才智的人，但這世上大部分的人都像我一樣平凡，我選擇的創業方式，是能夠幫助想跟我一樣的人，都能獲得滿足，擁有美好生活，凡走過必留下痕跡，我的過程能夠被複製，我沒有傲人背景，也沒有父母兄長做為學習的對象，憑藉著相信、勇氣、努力來改變人生，英雄不怕出身低，關鍵是能否能 From Zero to Hero。

我不擅長與人交際，但我確信目標跟我一致的人，我必能協助，我所擅長的是簡報製作、歸納整理、邏輯分析、條理分明。再笨的人只要願意改變，透過學習，皆能成功。我有位從陌生到好友的合夥人，記得剛認識她時，她說她不聰明、口才也不好，但我發現她很務實也願努力改變、學習，不高估也不低估自己，十年時間在北部擁有三間房產，兩個小孩也很優秀，先生也非常支持。人生是自己創造，掌握趨勢全力以赴是不變的道路。

耐性就是誠意

一般來說，我都用過去做有線電視的行銷經驗去解說，這就像水電、瓦斯、石油、電話等等日常生活的必需品，然後才讓我們的愛用者變成很好的經營者。畢竟沒有業務經驗的新手也很多，大家都不會做。那麼就先教大家從「加入辦卡」開始吧！所以「加入」並不難，難的是讓加入者「續購」。他會不會續購，就得看產品有沒有說服力了！

其實，現在想起來，「零風險事業」對我來說，倒是滿適合的。這包括我對它的理念非常的認同。它本質上是鼓勵你從兼職開始的，不希望你「囤貨」，也不希望影響你原來的「工作」，它只要你投入一點「時間」。它的制度是「不淘汰」、「不脫離」，你引薦進來的顧客，業績就是你的；而且你的努力是可以累積的，不會歸零；也不會有別人業績比你好就「超越」你的問題。所以，經營這個事業，就沒有「囤貨的」壓力，也沒有「超越」的恐慌，可說是「人人可為」。

王安石的《遊褒禪山記》一課，是大部分學生都耳熟能詳的文章。其內容說，人們看一個美麗的山洞，有的人只欣賞洞外的風光，有的只走到洞的半途中，就回來了，都沒看到真正的妙處。只有那些不怕艱險，有耐力，毅然走向洞的深處的人，才能看到裡面仙境似的風光妙處。有的人向前走，最後還有一步兩步堅持不下了，於是功虧一簣。它啟示我們，要想得到寶，總不該半途而廢。

對於「零風險事業」來說，也是一樣。如果怕艱險，就看不到仙境似的風光妙處。

「克服拒絕」常常是行銷人員必須的經歷。世界上沒有辦不成的事，只要你肯做，並把它堅持下去，就一定能成功。

有個做保險的業務員，到一家餐廳拜訪店主，店主一聽到是保險公司的人，笑臉驀地收了起來。

「保險這玩意兒，根本沒用。為什麼呢？因為必須等我死了以後才能領錢，這算什麼呢？」

「我不會浪費您太多的時間，您只要挪幾分鐘的時間讓我為您說明就好了！」

「我現在很忙，如果你的時間太多，何不幫我洗洗碗盤呢？」

店主原是以開玩笑的口吻戲謔他，沒想到年輕的保險員真的脫下西裝外套，捲起袖子開始洗了。

老闆娘嚇了一大跳，大喊：「你用不著來這一套，我們實在不需要保險！所以，不管你怎麼說、怎麼做，我們絕不會投保的，我看你還是別浪費時間和精力了！」

保險員每天都來洗碗盤，店主依舊是鐵心石腸地告訴他：「你再來幾次也沒有用，你也用不著再洗了，如果你夠聰明，趁早找別家吧！」

但是，這位有耐心的保險員依然天天來洗，十天、二十天、三十天過去了。到了第四十天，這個討厭保險的店主，終於被這個青年的耐心感動了，最後答應他投高額保險，不僅如此，而且還替這位有耐心年輕保險員介紹了不少生意呢！

「今天你對我愛理不理，明天我讓你高攀不起！」這樣的想法是大可不必的。其實不只做保險人員是如此，任何事業莫不如此，在說服客戶的過程中，擁有誠意和堅持不懈的耐性是至為重要的。

成長，是包裝挫折的禮物

我有一位好朋友，是著名的「口足畫家」楊恩典女士，她的名言是：「苦難，是化了妝的祝福」。我在偶然的機會認識恩典，當天回家以後，上網查詢才知道她的故事。我非常佩服她，希望找她為我的團隊演講，來鼓勵大家。恩典告訴我，希望見面地點選在高雄市六龜區的「山地育幼院」，那是她成長的地方。

我為了見她，開了很遠的車。這也是我第一次來到六龜。恩典告訴我，這裡的楊牧師很了不起，他們需要得到幫助，所以她都盡量安排多一些人來這裡看看，讓大家明白山地育幼院的需要。

藉由恩典的介紹，我也引薦了慈善關懷協會的力量來幫助這家育幼院，建造完成一座休憩表演場，讓小朋友平時可以運動與表演。

沒有辦不到的事，只有懶得做的事。用煮飯來舉例好了，相信你一定聽過身邊的朋友說過：「我不會煮飯，我連菜都切不好。」他們真的是不會煮飯嗎？或其實只是沒認真地想「學會煮飯」這件事？

如果今天的情境是，天天為他燒菜的另一半突然因為某些原因，無法再為它燒菜了，為了省錢和健康，他必須即刻起學會燒菜這項本領，相信我，不出一個月，他切菜的刀功可能就會比你好了，原因非常簡單，沒有退路了，基於生存本能跟經濟壓力，他不得不做出改變，人是很被動的，但是當人主動起來，可能性就等於無限大。這就是我一直在對自己說的「沒辦法，就想辦法。」學著逼迫自己拿出更多的可能性來思考。

美國作家歐・亨利在他的小說《最後一片葉子》裏講了個故事：病房裏，一個生命垂危的病人從房間裏看見窗外的一棵樹，在秋風中一片片地掉落下來。病人望著眼前的蕭蕭落葉，身體也隨之每況愈下，一天不如一天。她說：「當樹葉全部掉光時，我也就要死了。」一位老畫家得知後，用彩筆劃了一片葉脈青翠的樹葉掛在樹枝上。

最後一片葉子始終沒掉下來。只因為生命中的這片綠，病人竟奇蹟般地活了下來。

溫馨提示：人生可以沒有很多東西，卻唯獨不能沒有希望。希望是人類生活的一項重要的價值。有希望之處，生命就生生不息！

只要心存相信，總有奇蹟發生，希望雖然渺茫，但它永存人世。愛默生：「人生觀是由個性所造成的，同樣的材料，有人造出了宮殿，也有人只建成了臥室。」我們對於事業夥伴的關懷，也應該從建立信心做起。

最困難、最需要克服的，就是下決心

在我們的人生中，每個人都不可能完全沒有挫折。尤其在推薦我們的事業時，也有人碰過不順遂的情況。例如對方一接到電話，說不到兩句話，就很沒風度地把電話掛了！

遇到這種情況，我都會為夥伴們作邏輯分析，從中找出問題關鍵。

一個了不起的成功者之所以成功，是因為他與別人共處逆境時，別人失去了信心，他卻下決心實現自己的目標。實踐是檢驗真理的唯一標準。對於追求成功者而言，行動不但可以檢驗真理，而且是通往成功峰頂的唯一路徑。那麼怎麼檢驗一個人的「決心」呢？那就要看他（她）展現的行動力究竟如何？

曾有一位四十出頭的經理人員苦惱地來見心理專家拿破崙．希爾。他負責一個大規模的零售部門。

他很苦惱地解釋說：「我怕會失去工作了，我有預感我離開這家公司的日子不遠了。」

「為什麼呢？」

「因為統計資料對我不利。我這個部門的銷售業績比去年降低了七％，這實在糟糕，特別是全公司的銷售額增加了六十五％。最近，商品部經理把我叫去，責備我跟不上公司的進度。」

「我從未有過這樣的感覺。」他繼續說：「我已經喪失掌握的能力，我的助理也感覺出來了。其他的主管也覺察到我正在走下坡路。好像一個快淹死的人，旁邊站著一群旁觀者等著我滅頂。」

「我猜我是無能為力了，我很害怕，但是我仍希望會有轉機。」

拿破崙．希爾反問他：「只是希望能夠吧？」接著希爾停了一下，沒等他回答又接著問：「為什麼不採取行動來支持你的希望呢？」

「請繼續說下去。」他說。

「有兩種行動似乎可行。第一，今天下午就想辦法將那些銷售數字提高。這是必須採取的措施。你的營業額下降一定有原因，把原因找出來。你可能需要一次廉價大清倉，好買進一些新穎的貨物，或者重新布置櫃台的陳列；你的銷售員可能也需要更多的熱忱。我並不能準確指出提高營業額的方法，但是總會有方法的。最好能私下與你的商品經理商談。也許他正打算把你開除，但假如你告訴他你的構想，並徵求他的意見，他一定會給你一些時間去進行。只要他們知道你能找出解決的辦法，他們是不會做划不來的事情的。」

拿破崙．希爾繼續說：「還要使你的助理打起精神，你自己也不能再像一個快淹死的人，要讓你周圍的人都知道你還活得好好的。」

這時他的眼神又露出勇氣。

然後他問道：「剛才你說有兩項行動，第二項是什麼呢？」

「第二項行動是為了保險起見，去留意更好的工作機會。我並不認為在你採取積極的改進措施、提高銷售額後，工作不會保不住。但是騎驢找馬，比失業了再找工作容易十倍。」

一段時間後，這位一度遭受挫折的經理打電話給希爾：

「我們上次見面以後，我就努力去改進。最重要的步驟就是改變我的推銷員。我以前都是一周開一次會，現在是每天早上開。我真的使推銷員們又充滿了幹勁，大概是看我有心改革，他們也願意更努力。成果當然也出現了。」

決定成為不平凡的人

當你決定要改變人生，決定成為一位不平凡的人的時候，縱使會遇到很多困難，你都不會害怕；因為你已經下了決定！最困難的事情，不是在事情本身，而是，在「下決定」！有人說，下決定之所以困難，是因為資訊不夠！我要談的是，一個人如果在年輕的時候，就決定要一生平凡的過下去，是非常可惜的！如果是因為害怕失敗，而早早就決定一輩子人生的生活方式，就算平安、衣食無缺，應該會錯過人生很多的精采；現在台灣有許多人喜歡提「小確幸」這個名詞，「小確幸」是我個人最不喜歡的三個字；聽說這三個字來自日本，透過大眾媒體傳播以後，現在好像變成一種值得撫慰人心的、安貧樂道的生活模式與心態？我不明白鼓勵這種心態的人是一種阿Q精神？還是一種自我安慰？還是因為哈日？但我聽起來，好像是告訴你認命吧！這樣也不錯啦！

澳洲有位胡哲．力克（Vujiciu Nick）先生，他從出生時，就沒有手、沒有下半身，他說上帝只留下一隻小到不能再小的小腳給他，曾經自認為是被上帝遺棄的人，現在卻是全球赫赫有名的演說家，在他的身上沒有「小確幸」三個字，他努力突破他的人生，努力過著每一天，現在的他在全世界已有數億的人聽過他的演講，我也在美國聽過他現場的演講，他每天都在激勵、幫助無數的人。

現在的他已經娶妻生子、他會游泳、會做飯、還學會了開車，過著幸福美滿快樂的生活。這一切的一切都是他選擇來的。他選擇用「不設限人生」而不是「小確幸的生活」在世人面前。

籃球之神麥可．喬登在退休後入選NBA名人堂時感動得流下英雄淚，他在致詞時分享一句話：「你所認為的限制和恐懼，其實都只是一種幻覺而已！」他認為自己所以能夠成功，是因為從來不為自己設限，所以才能一再突破自己！超越巔峰！

棒球之神王貞治的故事也激勵到我，他沒有魁梧的身材優勢，為何能夠成為世界全壘打王？因為他說，他用木劍代替球棒練習揮棒，因為木劍比球棒細很多，平時用木劍練習就能擊中球心，到正式比賽時，用球棒擊球時，往往都能打中球心，揮出全壘打！

一位哲人說：「任何光明不是沒有黑暗的時候，只是不被黑暗所淹沒；任何英雄不是沒有卑弱的情操，只是不被卑弱所征服。」

我非常欣賞胡哲．力克先生這種積極、開朗、樂觀、活潑的生命態度，人生不應自我設限，在平凡生活中，許下一個不平凡的生活態度，就算平凡生活，也要自認不平凡。我們的意念，會造就結果，有著不平凡的意念，才會努力，才會避免錯失了可以讓人生翻轉的機會。我們的人生，本來就是我們意念造成的結果，我們的生活，是我們自己決定的，所以，把選擇權放在自己手上，就可以掌握擁有更美好人生。

忠於自己，不要給自己設限

在所有能飛的動物裏，大黃蜂是一個另類。據說，曾經有幾位動物學家，一起探討動物飛翔的原理，得出一致的結論：凡是會飛的動物，其形體構造必須是身軀輕巧而雙翼修長的。話剛落，恰巧數隻大黃蜂飛臨現場，在座的動物學家見狀，頓時面面相覷，一陣尷尬。

於是，他們帶著一隻大黃蜂標本，前去請教一位物理學家。這位物理學家仔細地揣摩了半天，望著大黃蜂如此肥胖、粗笨的體態再配上一對短小的翅膀，最後也困惑地搖搖頭：不可思議。根據流體力學原理，它應該是飛不起來的。

無奈之下，他們又請來了一位社會行為學家，不等聽完他們的解釋，這位社會行為學家就笑了，幽默地說——這難道會是一個問題嗎？答案很簡單呀！奧祕就是：今生，它必須飛起來，否則，大黃蜂只有死路一條。幸虧沒有學過生物學，也不懂什麼流體力學，否則，大黃蜂可能從此再也不想、也不敢飛起來了。

在人生的歷程中，經驗和學識的確是歲月饋贈給人們的財富，是走向成功的墊腳石；但是，有時候它也會轉化成無形的包袱或絆腳石，讓我們在不知不覺不自我設限、故步自封，從而制約和扼殺了自己生命的潛能。

若不給自己設限，則人生就沒有能限制你發揮的藩籬。

事實上，如果我們把每個人的優缺點分為四部分，**第一就是「痔瘡」**：你知道你有，但是別人不知道你有的缺點；**第二就是「口臭」**：你不知道你有，但是別人知道你有的缺點；**第三是「盲點」**：你不知道你有，同時別人也不知道你有的缺點；**第四是「舞台」**：你知道你有，別人也知道你有的優點。

我們每個人都有這四大部分的優缺點。我們所要進步的地方，就是要把自己知道的「痔瘡」改正，還有透過別人的提醒把「口臭」改正，這樣的話，我們的「舞台」才會變得更大，但是「盲點」是很難被發現和改正的，所以需要不斷的提升自己，找出身上一定還有很多的盲點，這樣才會讓自己的「舞台」變更大。

創造機會，夢想就比較容易實現

我有一位事業合夥人，是外省的第二代，他從小就很喜歡跑車，他一生的夢想就是要擁有一台超跑，但是父親是老榮民，自己是國營企業的黑手技術員，雖然擁有固定的收入，但是和他的夢想彷彿是兩條平行線一樣，永遠遙不可及。我看過他以前在台中豪宅預售會的現場，建商找了車模及超跑在建案地點前面，以吸引看屋人潮，當時他露出非常渴望的眼神，隔著欄杆外和超跑照相，那張照片充分看出他的渴望與無奈，但是他非常忠於自己的夢想，他知道若不創造機會、把握機會的話，他永遠不可能實現他的夢想。

當他買了第一台超跑，他以前的學長聽到這件事，還不敢相信的說：「就憑他嗎？」

他很謙虛的表示，不是憑他，而是憑他擁有的工具、眼光和機會，因為他做了失敗的人不願意做的事，他做了成功的人都會做的事。我剛認識他時，他是電腦白痴、說話還會結結巴巴，但是多年後，他不僅是電腦專家，也是演說家，他說他以前不會講笑話，所以只能將大師的笑話如法炮製，現學現賣、照著講，講了幾十遍以後他就學會說了，每一卷學習的錄音帶他都聽二十一遍以上，因為他聽人家說，聽二十一遍以上才能夠聽明白主講者的意思。反正所有可以讓他成功的事，他都願意去做。總算皇天不負苦心人，他的的座右銘是：「快樂得做自己」。現在他是超跑車隊的隊長，他不僅實現自己的夢想，也實現小孩出國念書的願望，也讓老婆實現夢想。是一位成功的爸爸、事業有成就的丈夫！

此外，中國人喜歡算命，我太太也喜歡算流年，她每年年初都會去拜訪一位陽宅學老師，我發現那位老師每年都會告訴我太太說她的意念很強，所以常常會「意念成就事實」，所以，一定要以正面、積極、樂觀、進取的心去面對每一件事，因為反過來說，如果做任何事都擔心這、擔心那，內心產生不好的想法，那麼意念是不好的，消極的結果就不會是令人滿意的。

我很感謝那位老師，因為他讓我們知道用正面積極的態度及意念生活，老天爺都願意幫忙了。「意念成就事實」這樣的正能量及目標對我們在經營事業及投資上讓我有很大的豐收。學習正面思考、以及養成正面思考有其必要，首先要閱讀正面的書籍、不要看負面的電視新聞、不要和負面的人交往、不要談負面的議題。正面積極的書籍在書局有很多，可以找到，我很少看電視，尤其是台灣電視新聞，因為很負面，對生活並沒有甚麼幫助。

在身上裝個「按鈕」，提醒自己改變

我不是天生好人緣的人，以前的我不僅言談無趣，甚至因為說話太直，還常常得罪人。我身邊的親友都不認為我適合經營「市場營銷」的行業，當然更不看好我能在這個行業成功。因為，大多數人都認為，這個行業適合能言善道、很會交際、笑口常開、人脈豐沛的人。而我是一個工科背景，公營企業的上班族，不但個性不適合，也沒有相關業務行業的成功經驗，簡直是門外漢一個！其實，我自己也曾經這樣認為過！但是「自古成功靠勉強」，成功的方法可以找出來，成功的習慣也可以養成，我覺得我有自省的能力，也具備可塑性，我能夠客觀地分析自己的優缺點，我也願意讓自己改變成為具備成功人士該有的屬性。首先，我透過大量的閱讀加強自己的知識，讓自己具備和他人溝通的資料庫，才不致像鴨子聽雷般的啞口無言。我也大量參加許多學習課程，建立了專業的知識與信心。既然我不是能言善道者，那我如何增加信任度、取信於人呢？除了靠我過去累積的信用與形象外，我必須加強我的專業知識，我要成為一個言之有物的人，盡量做到講求證據與引經據典，才能取信於人，我不一定說話要吸引人，但必須要有自己的風格與力道。

很多人認為我在市場營銷業的成功和其他人是反差很大的，這是因為我本身的個性是比較孤僻的，喜歡獨處，不喜歡和人打交道，認識我的人都不認為我會從事這方面的工作，好像開發軟體的工作比較適合我的個性，但是我轉換跑道來經營「零風險事業」，這個事業是屬於人際的事業，必須要有業務開發能力、必須要有對人的熱情。這樣看來，似乎我應該會做得很辛苦才對！也難怪原本的朋友都對我的轉換跑道嚇了一大跳！其實，我並沒有改變我自己，去變成一個不一樣的人。我只是在身上裝了個按鈕，提醒我自己，鼓勵我自己，我現在的身分是一位業務專家，就像鹹蛋超人變身一樣，按鈕就裝在我的左手腕，按下按鈕、立馬變身！所以我們不需去改變自己，只需要培養自己多一份能力，就是按下按鈕，啟動一項功能。當然，要這樣做必須要有相當的心理建設，首先就是要下定決心、第二、就是相信自己可以做到、第三、就是起動之後就好好地做好。有了這樣的決定之後，每次的啟動都會收到很好的結果，累積一次又一次的成功經驗之後，你會愈來愈愛上裝上按鈕的你，更多的成功經驗也讓你更有信心。

第六部曲

體貼的人反而善於領導

二〇／六〇／二〇法則

某人參加電視公司的益智搶答節目，屢戰屢勝。當他獲得總冠軍的那天，朋友問他：「你有什麼得勝的祕訣嗎？」

他說：「有！就是：無論知不知道答案，先按鈕再說！甚至在沒有想通問題的答案是什麼之前，就搶先按鈕！我通常在一邊按鈕時，就可以一邊想。除此之外，當主持人叫我作答時，還可能有延遲一兩秒鐘的機會，而就在這時候，我的答案也出來了。」

朋友再去向他的對手問他的「失敗原因」時，那人似乎很不服氣地說：「我發現對手們跟我想到答案的時間差不多，可惜等我想到才按鈕，已經遲了。」

這個故事啟示我們：連「答」的機會都得不到，怎麼可能贏呢？可見「做對的事」才是決定勝負的主因。

管理學界是最重視「效率」的。我們所熟知的「八〇／二〇法則」（八二法則）——即百分之八十的公司利潤來自百分之二十的重要客戶，其餘百分之二十的利潤則來自八十%的普通客戶。這個法則也是猶太人的生活哲學，他們把這個法則用於生存和發展之道，始終堅持八二法則，把精力用在最見成效的地方。

美國企業家威廉．穆爾在為格利登公司銷售油漆時，頭一個月才賺了一百六十美元。後來，他仔細研究了猶太人經商的「八二法則」，同時分析了自己的銷售圖表，他發現自己百分之八十的收益果然來自百分之二十的客戶，但是他從前卻對所有的客戶花費了同樣多的時間——這正是過去失敗的主要原因。於是，他開始把最不活躍的三十六個客戶，重新分派給其他銷售人員，而自己則將精力集中到最有希望的客戶上。不久，他一個月就賺到一千美元。

穆爾學會了猶太人經商的八二法則，連續九年都沒有違背過其中的原理和精義，終於成為凱利／穆爾油漆公司的董事長。

有趣的是，**我們的「零風險事業」則發展出一個「二〇／六〇／二〇法則」。前一個二〇，**

是屬於頂尖的、很容易成功的A級人物；後一個二〇，則是「安逸、恐懼、無知」、註定要徹底失敗的一群。中間的六〇，則是可以經過鼓勵、栽培而進入成功行列的經營者。我們就是把大部分的期望都挹注在這六〇人之中，讓他們師法「成功學」、吸收正能量、凝聚向心力，然後潛移默化，朝向「超越顛峰」邁進。經歷多年來的試驗，成功率果然非常高！

把幹部都變「分身」，工作效能就會增強

其次，就我個人的團隊領導學來說，我認為這就是一門企管學的領域，講究的是旗下將才能否獨當一面，而不是一人獨大、眾人皆小的跛腳團隊，否則部門就不能倍增，也沒辦法枝繁葉茂。

有些公司的上級喜歡「造神運動」、樹立權威。以一言堂、唯我獨尊的模式帶領團隊，扼殺下級的能力和創意，我非常不以為然。我認為給每位事業夥伴有表現領導力的機會，這樣我的團隊才會呈現「將星閃閃、人才輩出」的榮景。

首先，我會把每個部門的平衡發展，看成非常重要的項目，然後仔細觀察每個「部門」的特性和盲點，如果碰上「尷尬」的局面，就針對問題，聯絡其他「部門」的問題解決專家參與協商，截長補短，共同化解經營困境。同時，我也重點培育多位具有潛力的事業夥伴與我分工合作。我

寧可多花一些心力栽培未來的領導人，而不是自私地把全部時間用來開拓自己的直屬事業夥伴。

我認為，管理就是要這樣集團化、企業化，把幹部都變成「分身」，團隊效能才有辦法增強。

「林子大了，什麼鳥都有。」這話雖然是負面的，但是，當你的「部門」變大了的時候，在領導統御上就常常要面臨溝通的技巧。我選擇的態度一向是「和氣生財」、「化干戈為玉帛」。我多半會用一種真誠的方式去進行各種糾紛的排解。例如，有一次，南部有個部門一位事業夥伴，就發出不平之鳴，在那兒生悶氣。他們夫妻對直接上級大表不滿，甚至表示不想做了，主因是認為領導人不公平——對A部門比較照顧等等。其實，A部門的財力比較雄厚，業績也比較好，還請上級吃大餐。看在那位事業夥伴的眼底，就以為上級很偏心。

其實「手心手背都是肉」，對我來說，所有的事業夥伴都是一樣對待的，根本沒有什麼大小眼的事情。雖然我跟對方不熟，仍過去向他說明：

「大哥大姊，不管你做不做這個事業，我們起碼都是朋友，何況您現在還是我們的事業夥伴，我怎麼會不理你、對你不好呢？」

精誠所至，金石為開。真誠的態度常常讓夥伴感動、流淚，甚至痛哭。真實的感情就是力量，有時比花言巧語或甜言蜜語有效多了。

不找經理找主廚，體貼入微

以「領導學」來說，從「北風和太陽」的童話故事，我們都知道何者比較有效。

真正偉大的人，是由行動中使他人見識其不凡之處；一位偉人的偉大之處，在於他如何對待卑下的平凡人。尊重、諒解、善待他人，不僅顯示出高素質，也讓人如沐春風。能對部下有禮的主管，就會顯出個人的高貴！

有一次，松下幸之助在一家餐廳招待客人，一行六個人都點了牛排。等六個人都吃完主餐，松下讓助理去請烹調牛排的主廚過來，他還特別強調：「不要找經理，找主廚。」

助理注意到，松下的牛排只吃了一半，心想一會兒有場面可能會很尷尬。

主廚來時很緊張，因為他知道請自己的客人來頭很大。

「是不是有什麼問題？」主廚緊張地問。

「烹調牛排，對你已不成問題，」松下說：「但是我只能吃一半。原因不在於廚藝，牛排真的很好吃，但我已八〇歲了，胃口大不如前。」

主廚與其他的五位用餐者困惑得面面相覷，大家過了好一會兒才明白怎麼一回事。「我想當面和你談，是因為我擔心，你看到吃了一半的牛排就倒掉，心裏會難過。」

如果你是那位主廚，聽到松下先生的如此說明，會有什麼感受？是不是覺得備受尊重？客人在旁聽見松下如此說，更佩服松下的人格並更喜歡與他做生意。

又有一次，松下對一位部門經理說：「我個人要做很多的決定，並要批准他人的很多決定。實際上只有百分之四十的決策是我真正認同的，餘下的百分之六十是我有所保留的，或我覺得過得去的。」

經理覺得很驚訝，假使松下不同意的事，大可一口回絕就行了。

「你不可以對任何事都說不，對於那些你認為算是過得去的計畫，你大可在實行過程中指導他們，使他們重新回到人所預期的軌跡。我想一個領導人有時應該接受他不喜歡的事，因為任何人都不喜歡被否定。」

一個成熟的人，應該盡量從對方的立場考慮問題，努力接受自己不喜歡的事。這樣，他才能贏得別人的尊重和支持。

我們每一個人都很希望成功。但是，有一句話說：「知道你是誰，比你要成為誰更重要。」有一些個人「屬性」的測驗，把人模擬為動物的屬性，例如老虎、孔雀、無尾熊、貓頭鷹等四種。另外也有一種的分類是五種的，包括有老虎、海豚、企鵝、蜜蜂、八爪魚。我覺得去做一個這樣的測試、知道自己是怎樣的屬性，是很重要的。同時也可以知道別人的屬性，那麼就能了解每個人的優缺點和地雷區。這樣反而會更好相處。也就不會去冒犯別人或踩到別人的地雷區。

在社會上，任何的公司或團體一定會有不同的人，適合於不同的位置。比方說，海豚、孔雀型的人，就非常適合擔任主持人；並非一定要是老虎型的人，才適合擔任領導者。有時我發現有人非常適合擔任領導者，可是他是企鵝屬性的，但他很容易找到老虎型的人來做事。老虎是誰都不服，但是他碰到很柔軟的人，反而會為他所用。我也發現過很有趣的是，所謂「物以類聚」，海豚和海豚，個性相像，就很容易在一起；蜜蜂和蜜蜂，也有類似的邏輯，容易惺惺相惜；老虎和老虎，都目標明確，也很容易溝通。

不過，我們也可以發現，「物以類聚」並非惟一的真理。有些人的組合，是屬於「互補」的，也能相處得很好，並且共創出非常漂亮的事業火花。例如有些夫妻就有不一樣的屬性（甚至是相反的），卻能夠水乳交融。在一個團隊中，也是一樣，什麼屬性的人都有。不過，在那個團體中的頭頭是什麼屬性的，那他的同一屬性的夥伴就會居多數。例如我太太是屬於海豚，那我們的很多夥伴都是海豚型的；而我本身是屬於蜜蜂型的，還帶有企鵝和老虎的屬性，那我的夥伴就有很多兼具這三種屬性的人。

然而，不同屬性的人，我們如何帶領、協助他，在這個團體中愉快地和他人合作呢？每個人都擅長和同一屬性的人溝通，可是和不同屬性的人剛開始總是會有「格格不入」的感覺，甚至會討厭、排斥、覺得很難溝通。例如我們很急，對方偏偏總是慢半拍；或許我們總是條理分明，而對方總是跳躍思考、一點邏輯都沒有等等。其實，這五種人的比例是差不多的，不管你喜不喜歡，就是有另外四種人和你是不一樣、是你看不慣的。你就是必須學習如何和這樣的人合作在一起。所以，「知道你是誰」，同時知道怎麼去包容別人、如何善用別人的優點，和別人不斷地互動、溝通、合作。

舉例來說，我在主持團隊會議時，我一定會邀請老虎或是海豚型的人先發言，因為他們是屬於主動型的，老虎型的是目標導向，事務導向，重點會擺在怎麼把事情做好。海豚型的會比較人際導向，充滿創意，思考的方向會考慮怎樣好玩生動，活潑有趣？再來我會請蜜蜂表示意見，蜜蜂型的重視邏輯，程序，品質，思考比較細緻，會講出完整一套的做法出來。再來請企鵝型的人補充，因為企鵝的人最溫和，容易配合別人，會很貼心提出一些更圓滿的補充。最後再請八爪魚的發言，因為他們的思慮縝密，考慮周全，經過以上大家的發言後，八爪型的就很容易做總結。

如果反過來，我先請八爪的人發言，他一定會說先聽聽大家的意見後他再發言，如果先請企鵝的人發言，她多半會說，我沒意見，我配合大家喔！

如果，我和不同屬性的人溝通「零風險事業」，也要注意溝通的技巧，和老虎型的要談目標，不要太談細節。和蜜蜂型的要談邏輯性的觀點。和海豚型的人要多對著他笑，要熱情一點。對企鵝型的則要溫和，強調和諧。對八爪型要耐住性子慢慢溝通。

我有一對好朋友很有趣，他們是相當恩愛的夫妻，先生生於富貴之家少爺命，至於太太則是中部農家子女，來自完全不同的家庭環境，太太認真努力又有智慧，嫁為人婦勤學習，除了高爾夫球打得一級棒以外，又是國際證照的插花老師，讓夫家很有面子。夫妻倆衣食無缺，女兒女婿也優秀，先生幽默風趣、思慮敏捷又機智，太太人前常常自認沒有先生聰明，讓先生很有成就感，後來太太中年創業，先生除了大力支持太太創業外，更因不讓太太過度辛苦，進而投入與太太一起共同經營，夫妻倆同心協力的成績非常出色，幾乎都是年度最佳的佼佼者。更重要，我看到他們夫妻事業愈做愈大，感情也愈來愈好了。我發現一般的夫妻在個性上都是互補的，比方說一動、一靜，好像是填補自己不足的那一塊，既是互補個性難免差異，包容是最好的解決方式。

各種動物的特性（下列優缺點是各組人員對自我的評價），僅供參考，並沒有絕對的論斷。就好像星座、血型的歸類，有的人認為準，有的人很不以為然，但多了解一點也無妨：

1.老虎：胸懷大志、勇於嘗試、相信自己
優點：有自信、有目標、勇往直前
缺點：不切實際、好高騖遠、不喜歡麻煩別人，也不喜歡別人麻煩自己

2.海豚：不怕生、喜歡群眾、表達力佳
優點：落落大方、容易互動、口才好、具群聚影響力、激勵高手
缺點：怕孤獨、易被騙、白目、容易表錯情、易受朋友影響、愛裝熟、人來瘋

3.企鵝：親切、合作、耐心
優點：好相處、不愛計較、容易結交死黨、有毅力、持續力佳
缺點：容易受到欺負、改變不易或有限、不適合單打獨鬥

4.蜜蜂：分工權責、認真工作、正義感
優點：信守承諾、有責任心、喜好打抱不平、重視禮節、講求倫理
缺點：易認為愛計較、太嚴謹、放不開、不易變通

5. 八爪魚：老二哲學、週邊整合、多眼看世界

優點：心思細膩、貼心、多元化、效率高、可一心多用

缺點：易讓人覺得消極、怯懦、想太多做太少、資源容易分散、不專注

綜合來說，海豚型是熱情、分享、樂觀；老虎型是勇敢、挑戰、積極；八爪魚是整合、周延、彈性；企鵝型是耐心、和諧、合作；蜜蜂型是品質、程序、分工等。

鼓勵、讚美、愛，讓白痴也變天才

我的兒子EQ很高、個性也很好，從小就很善於跟我溝通。在兒子身上，我學到只要「用心」並且有「耐心」及「柔軟的心」來處理，事情往往就會有令你滿意的結果。在我的事業中，每每遇到問題時我都會告訴自己用「三心二法」，「用心、耐心及柔軟的心」、「沒辦法就是想辦法、想辦法就會有辦法」來處理，滿意的結果總是令你驚奇。

但是，在職場上，我從一個長期被稱為「科技菁英」突然轉型成有團隊的事業老闆，剛開始我也不是一揮而就、立馬改變的。這種職場環境的轉變，也不是一天造成的。剛開始，我還是很

凶。後來為什麼改變了呢？主要是我的小兒子影響了我。

我非常疼愛我的小兒子，對他非常好。後來我發現，偶而我罵他，他也會不理我。既然我們都這麼親密，為什麼我罵他，他也會生氣？他一生氣就不理我，而去找媽媽、找外婆或外公。這使我得覺得很有趣，難道最愛的人也不能罵？這也讓我領悟到新的相處之道。這就和政治人物一樣，我們也應了解選民究竟想聽的是什麼。顯然是鼓勵重於責罵。

後來我就發現，鼓勵、讚美、愛才是品格教育的萬靈丹。所謂「鼓勵、讚美、愛，讓白痴也會變天才」，孩子從挫折中，有勇氣重新面對挑戰的萬靈丹就是父母一句愛、讚美、鼓勵的話。當我們要責備孩子時，類似這樣的話，應該多說一點：

「寶貝，你很聰明的！自己試著爬起來，爸爸幫你加油。」

「孩子，你曾經是個很聽話的孩子，相信你以後會做得更好！」

「你已經盡力了，沒關係，慢慢來，我相信會好轉的！」

「你喜歡小動物，爸爸知道，不過布娃娃也不錯，你要不要試試看？」

「你今天做得真棒，我相信你以後還會繼續這樣做！」

「噢，破皮了，爸爸好心疼喲！沒關係，勇敢點，上點藥就好了。」

其實，「鼓勵、讚美、愛」不只適合於他人；對自己，也應有如此的態度。銷售大師吉拉．金克拉就曾經在他的著作中提過，自我的獎勵是非常重要的，因為任何人都喜歡被獎勵，尤其是當你完成了一件值得讚許的事情以後。所以，在他每一場成功的演講之後，他總會買一條領帶來犒賞自己，因此，他有好幾百條領帶。

我覺得很有道理，後來我在完成每一件讓自己滿意的事情後，我也會好好地犒賞自己，當然買一條領帶是很好的選項之一。這樣的感覺真的很好，因為我去買一個喜歡的禮物給自己，我本身就很高興，再則，可以再好好回味自己當初表現良好的模樣，有時候甚至會握拳大喊 YES！另外，我也會很期待下一次好的表現，與獲得下一件喜歡的禮物。

改變別人，不如改變自己

同樣的道理，對「零風險事業」這樣好的環境和職場，我也有過反省和深思。我們不能再用過去那種嚴厲的態度去待人接物。像從前我在軍中任職，我並不想和任何人打交道，也不必賣任何人的帳，我重要的是要把工作做好。上游工作環節的對方做不好，連累到我這個下游的主管也沒辦法交差，我當然要發飆、要罵人。我怕什麼？因為是你害我做不出來的呀！但是，如今在我們的「零風險事業」公司，大家都是有共同目標、共同理想的合夥人，這是一種「集體的創作」。在我們帶領大家前進時，裡面的每一個人都有不同的個性，如何求同存異呢？這是很有趣的問題，所以絕不可以動怒，更不宜隨便罵人。改變自己的辦法，就是不要「把自己過度放大」，自以為有什麼了不起；也不要「把別人刻意縮小」，隨便看不起別人。

其次，在這樣的團隊中，也不要妄想「改變別人」。別人的人生，是別人的人生，不要妄想把它扛起來，想扛也扛不了！只有對方希望幫忙時，我們才盡量去協助他（她）。身為這個團隊的老師，我該準備的教材、課程，能做的盡量做；能幫忙的，盡量幫忙。當夥伴在做的時候，盡量去協助他（她），不讓他（她）孤單。大家這樣相處反而好一點，才不會造成很大的「不開心」。原本我們罵人，都是好意的。後來我也領悟到，「生氣」如果不能對達到目的有所助益，反而把事情搞砸，那又何必生氣呢？同樣的，「委屈」的目的在於「求全」，如果委屈卻不能求全，那委屈豈不是毫無必要？

在一個村莊裏，住著一位睿智的老人，村裏有什麼疑難問題都來向他請教。

有一天，有個聰明又調皮的孩子故意為難那位老人。他捉了一隻小鳥，握在手掌中，跑去問老人：「老爺爺，聽說您是最有智慧的人，不過我卻不相信。如果您能猜出我手中的鳥是活還是死的，我就相信了。」

老人注視著小孩子狡黠的眼睛，心中有數，如果他回答小鳥是活的，小孩會暗中加勁把小鳥掐死；如果他回答是死的，小孩就會張開雙手讓小鳥飛走。

老人拍了拍小孩的肩膀笑著說：「這隻小鳥的死活，就全看你的了！」

每個人的前途與命運，就像那只小鳥一樣，完全掌握在你自己的手中。升學也罷，就業也好，創業亦如此，只要奮發努力，均會成功。一位哲人說：人生就是一連串的抉擇，每個人的前途與命運，完全掌握在自己手中，只要努力，終會有成。

有時，別人並不一定接受你的想法，如何溝通成功呢？完全操之在我。從這個故事，我們可以領悟：改變別人，不如改變自己。

標榜「小確幸」，就不會有大成功

我很鼓勵大家要有宏觀的視野、遠大的眼光和夢想，也就是說，要高瞻遠矚，才會有大成就！我們努力向前衝，不是要你不顧別人的死活，不計譭譽，不計成敗、不顧廉恥，不是這樣的。大家一談到古代的商人，就給予另類的評價，即使商人也是有「儒商」的，我們也是讀過很多書、有學問、做過大事業的，是吧？我們凡事都不要二分法，蓋棺論定去任意給人一些罪名。好比公務員，就一定是很窮的嗎？我也有很多朋友，可以作為反證哦！

有些人所以安於「小確幸」，其實是一個觀念上的「自我設限」。本身因為貧窮想要「脫貧」，可是又太懶，最後就只好以「小確幸」作自圓其說的藉口。我認為「貧窮」是不能等的，因為等久了，你就習慣貧窮了。

舉例來說，我想有很多人，會捨不得將車子停在五星級酒店的停車場，因為停車費很貴。當然，也可能因為自己的車子不夠好，所以也沒想過可以將車子停在大門口，讓服務員代客泊車。我以前就是這樣的想法與做法，有時候和朋友相約在五星級酒店見面，因為捨不得五星級酒店昂貴的停車費，也捨不得每小時二十到三十元的路邊停車費，所以會把車子停在小巷子裡。但是，小巷弄裡往往也是停得滿滿的，甚至往往只剩下垃圾桶旁才會有位置了。不過，如此把汽車停在很遠的距離，往往要走一大段路，也很浪費時間，還會搞得自己心情不太好。

其實，停車費是很小的金額，只是因為自己的收入不高，在傳統的觀念上，就是一味地想省錢，自認為節省即是王道。其實，不管你的車子好不好，我們可以將車子停在酒店大門口，請服務員幫你泊車的，只要二百元就能搞定的事。而且，與其省停車費，讓自己浪費了這麼多時間，想想還真是不太划得來！這時，我們就應思考：這樣做，是否在觀念上有些盲點呢？

其實，人生不能等的事，並不只停車一事。例如還有很多事是不能等的：

第一是「貧窮不能等」：

貧窮不能等，因為一旦時間拖久了，你將習慣貧窮，到時不但無法突破自我，甚至會抹殺了自己的夢想，而庸庸碌碌的過一輩子。

第二是「夢想不能等」：

夢想不能等，因為人生不同的階段，會有不同的歷練和想法。如果你二十歲時的夢想，在六十歲才得以實現，那會是什麼樣的一個情況？例如你二十歲時的夢想，是希望能買到一輛法拉利的跑車，然後到德國的無限速公路狂飆。

你一直努力工作，好不容易到六十歲了，總算買得起跑車了，但要實現年輕時的夢想，恐怕也是心有餘而力不足吧！

第三是「家人不能等」：

或許我們還年輕，未來有很多的時間可以讓我們摸索、打拚，但是家人有嗎？他們還有時間等我們成功、等我們賺夠錢，讓他們過好日子、以我們為榮嗎？

舜禹都是人，我們也做得到

我個人非常欣賞統一集團創辦人高清愿先生，多年前讀過他的自傳，深受他不想當「百年經理」的志氣，事實證明他當初的決定是正確的。「舜何人也、禹何人也，有為者亦若是」，所謂「見賢思齊」，社會上有許多各行各業的成功典範，都是大家學習的榜樣。例如生長於台灣屏東鄉下、家境貧窮的吳寶春，在貧困環境中力爭上游、勇奪世界製作麵包競賽冠軍的故事，已經感動無數人心；台灣彰化的的林書豪，在美國群雄並起的世界中，打進NBA的天下，也引起舉世注目；出生於臺灣屏東縣潮州鎮的李安，則是已經進入世界級導演的行列……，他們都是非常有激勵作用的成功典範！

鯊魚的攻擊性極強，只要被鯊魚發現，很少有人能夠順利逃生的。

不過，奇怪的是，海洋生物學家羅福特對鯊魚研究了多年，經常穿著潛水衣游到鯊魚的身邊，與鯊魚近距離接觸，他發現鯊魚似乎無視於他的存在。羅福特下結論說：「鯊魚其實並不可怕。可怕的是你一見到鯊魚，自己就先心虛了。」

生物學家這樣說，是有根據的。只要你見到鯊魚時，心裏不害怕，那麼你就很安全。

人在遇到鯊魚時，心跳就會加速，而那正是致命因素——人類心臟快速跳動，會引起鯊魚的特別注意。鯊魚就是從那快速跳動的心臟在水中的感應波發現獵物的。如果在鯊魚面前，你能夠心情坦然，毫不驚慌，那麼你沒有任何生命威脅了。即使鯊魚不小心碰觸到你的身體，也不會張口咬你，而會立刻從你的身邊游走，去尋找其他的獵物。相反的，如果你一見到鯊魚就嚇得渾身發抖，或者尖聲驚叫，以致心跳加速，然後只想快點逃命，那麼你反而會成為鯊魚的一頓美食。

最危險的地方，往往是最安全的地方。只要放鬆心情、坦然面對，到最後都可以找到解決之道。使我們覺得忐忑不安的，只是自己。

很多人所以沒有信心，多半是被自己打敗的。

一八六二年九月，美國總統林肯發表了將於次年一月一日生效的《解放黑奴宣》。在一八六五年美國南北戰爭結束後，一位記者去採訪林肯。他問：「據我所知，上兩屆總統都曾想過廢除黑奴制，《宣言》也早在他們那時就起草好了。可是他們都沒有簽署它。他們是不是想把這一偉業留給您去成就英名？」

林肯回答：「可能吧。不過，如果他們知道拿起筆需要的僅是一點點勇氣，我想他們一定非常沮喪懊悔。」林肯說完匆匆走了，記者一直沒弄明自林肯這番話的含義。

直到一九一四年林肯去世五十年後，記者才在林肯留下的一封信裡找到了答案。

在這封信裡，林肯講述了自己的幼年時的一件事：「我父親以較低的價格買下了西雅圖的一處農場，地上有很多石頭。有一天，母親建議把石頭搬走。父親說，如果可以搬走的話，原來的農場主人早就搬走了，也不會把地賣給我們。那些石頭都是一座座小山頭，與大山連著。有一年父親進城買馬，母親帶我們在農場工作。母親說，讓我們把這些礙事的石頭搬走，好嗎？於是我們開始挖那一塊塊石頭，沒多久就將石塊全部搬走了。原來它們並不是如同父親想像的小山頭，而是一塊塊孤零零的石塊而已，只要往下挖一英尺，就可以把它們晃動了。」

林肯在信的末尾說：有些事人們之所以不去做，只是他們認為不可能。而許多不可能，只存在於人的想像之中。

抓住機會，會有意外收穫

「機會像小偷，來的時候無影無蹤，走的時候讓你損失慘重。」這句趣味的話語，其實藏著無比的真實。信不信是機會，有的人是太軟弱，有的人是「不信邪」，因而坐失機會。當一件事被所有人都認為是機會的時候，其實已經不是機會了。所以，要懂得「機會」來臨，就必須有點「想像力」。凡「想像」得到，還必須「相信」得過，那才是真正的機會。

有一天，在德國的一份報紙上，刊出了一則廣告，很大篇幅地介紹一輛名貴的轎車要賣，就連汽車照片也登出來了，造型獨特，氣宇軒昂，令人一看就很喜歡。比較啟人疑竇的卻是底下的一行字：本車只賣一馬克！

這樣聳動的廣告，在當地人的眼中，事實上早已司空見慣了。不駭人聽聞的，就不會引起注意；不語驚四座的，就不是廣告詞。所有的民眾看了以後都微笑了一下，根本不把它當一回事了。尤其那廣告上頭，更令人起疑的是，售車者只登出地址，並未刊登電話號碼。顯然這一招也是廣告人慣用的手法，如果打個電話就可以問出真相，那廣告豈不是白登了；它這樣做，目的就是騙你去了再說吧！所以，真正會循著地址專誠去看看這輛聲稱只賣一馬克的，可說絕無僅有。

可是，有一位青年偏偏不信這一套，他相信這是有可能的事。他想，有這麼便宜的事，是值得放手一搏的。跑一趟去看看有什麼關係呢？說不定這是個買車的好機會呢！於是，他就親自上門去問了。

到了廣告刊登的那個地址，見到了女主人。他就說：「我需要買車，妳這輛名貴的轎車真的肯只賣給我一馬克嗎？」

女主人笑著說：「那當然了！只要給我一馬克，你立刻可以把車子開走！」

這位青年說：「沒有其他的條件？」

女主人又笑著說：「沒有其他的條件！」

青年人很興奮地呼喊了起來：「哇！太棒了！成交！」

女主人把車子的鑰匙交出後，問了一句：「你一定是美國人，而不是德國人吧？」

青年人說：「妳怎麼知道？」

女主人說：「德國人個性多半四平八穩的，太嚴謹，缺乏冒險精神；而美國人則喜歡新鮮事物，富有探索精神。我的廣告登了好幾天，居然沒有人敢來接洽這筆生意！」

青年人拿出一馬克，把這輛嶄新的名車發動了一下，可以感覺到這輛名車的性能非常的好。

車子走不到一公里，青年人就可以斷定這輛名車，真的不折不扣是一輛好車！

可是，既然這樣的好車，為什麼才賣一馬克？這是什麼邏輯？

於是，他又把車子開回去找那位女主人。問她為什麼才賣一馬克。

女主人笑著說：「因為……我老公去世前在遺囑中的，財產分配，要留給他情人的一份就是這輛名車。我就是不讓這個『第三者』白白的撿到便宜！所以才把車子賣一馬克，然後把這一馬克給她啊！哈哈哈……。」

原來這位大老婆是用這個妙法，將名車賤賣然後交給她討厭的情敵！

這真是高招啊！而這百年難得一見的好機會，就讓這個青年人抓到了！為什麼別人無緣用一馬克買車？因為他們沒有這種「抓住機會」的精神，也就沒這份幸運了。

你最好喜歡和錢做朋友

我很欣賞猶太人的生意經，直到今日，美國許多的金融鉅子都是猶太人，當我們了解，他們從小教育小孩子「致富是一種責任、貧窮是一種罪惡」以後，這一切就變得合理化了。

有人說：「錢是現實的上帝。」這話真不假，因為你不理財，財不理你。你必須喜歡和錢做朋友，你才會「得道多助」。

在很早的時候，猶太人就發現這樣的事實：金錢是全部生活的源泉。猶太人在歷史上數次慘遭滅國之禍，他們被迫流亡到世界各個國家。但無論到了哪個國家，都被歧視。

猶太人所在國家的統治需要猶太人為他們提供大量的金錢，還動輒嫌棄猶太人的吝嗇，瞧不起他們賺錢的貪婪，因此就把猶太人驅逐出境，但是過不了多久又必須把他們召回來。因為對他們來說，猶太人純粹就是他們的錢袋子：不需要的時候把他們丟在一邊，進行驅趕和屠殺；需要的時候，就把他們召回來，對他們恩寵有加，盡力巴結。

沒有國家、沒有政府，他們在世界各地流浪，沒有一種力量可以保護他們的安全，只有金錢可以給他們提供一點保護。

當哪天他們遭到各地統治者驅逐的時候，金錢就可以換取別人的收留和保護；當地的人發起反猶暴亂的時候，他們就可以用金錢賄賂而求得一條生路；他們外出做生意的時候遭到土匪的搶劫，錢可以贖回他們的性命。錢是他們須臾不可少的東西，金錢對於猶太人來說，是他們能看得見的、摸得著的、實實在在的「上帝」。

金錢，讓世間的權勢們都匍匐在它的腳下，讓猶太人真正地能夠站立起來，重新獲得世人對他們的尊敬。

一般而言，影響我們最深遠的，大多是我們的原生家庭。我們從小在不知不覺中會模仿父母，我記得小學時，我的志願就是要當卡車司機，因為爸爸開卡車，我都站在駕駛艙前座，覺得真是威風！小時候最崇拜的人，除了老師，就是父母，有人說公務人員的家庭，容易生出公務員的小孩，因為以前的排序是：士、農、工、商，傳統的觀念而言，是「萬般皆下品，唯有讀書高」啊，古代的人會從心理、口裡都鄙視商人，這樣的環境下，怎麼容易培養出傑出的商業人才呢？

時至今日，甚至也有人是抱著仇富的心態去看待事業成功的人！有人說企業家的家庭，也會培養出企業家的後代，為什麼呢？因為在企業家的家庭中，他們的高度與思維是不同於受薪階級的。所以，也有人說「生意囝歹生」，其實生長的環境是最關鍵的。

以前當我知道一台德國賓士轎車的價格相當於半棟房子，都會開玩笑地說：神經病、浪費錢、我以後如果有錢，一定不會去買賓士車。我的太太以前很喜歡賓士車，常常講她想要開賓士車，有一天我實在受不了了，就對她發飆，對她說：開賓士車就比較了不起嗎？那你去馬路邊看到賓士就跟它敬禮，看到寶馬就向它鞠躬吧！太太被我罵得一頭霧水，我心裡頭也很難受，為什麼會這樣呢？因為我沒有啊！因為我根本買不起啊！這就是有人說的，你若不喜歡和錢做朋友，那錢也不會和你做朋友的。

第七部曲

貫徹長期計畫、善用零碎時間就是執行力

不要浪費自己的時間和機運

很多熟人都奇怪，像我這樣一個科技出身的人，最後怎麼卻在「零風險事業」的公司發出異樣的光彩？他們總認為從事這一行業，一般都要動用到親友人脈，很容易把不喜歡的親友給得罪了，而我卻居然一直存活在這行業？

其實，這樣的思維完全是對我們的誤解。

我深愛著「零風險事業」的產品，當然樂於分享親友。我正是從親友開始著手的！

十八年來，我們不斷地在拓展人脈。從親友開始推薦這個事業，對我來說，並非難事。我們只是請他們換個地方、換一個品牌來購物，並沒有要他們另外多花錢。對他們來說，最壞的情況

只是「賺到試用的產品」而已。因為我選擇這個事業，有兩個關鍵：第一，如果產品不喜歡，可以全額退款，有滿意保證。第二，不用拿「進貨」去「銷售」，所以不會造成囤貨的困擾。

如果不喜歡，可以退貨，是我們的「零風險事業」特色。其次，我們沒有業績壓力。因為它都是人生保健必用品和生活所需日用品，本來就是過日子欠缺不了的東西，萬一別人使用了不喜歡，也不會傷到任何人，因為可以全額退款。因此，我們心裡坦蕩蕩的，當然可以從我們的親友著手推薦。

依我多年來的個人經驗發現，每個人真的應該要掌握自己難得的運勢、機會，有時候錯過了機運，甚至做了不當的決定，人生真的會反轉向下。

有一個關於經營之神王永慶與明志工專的學生的故事。王永慶先生當時是台灣最受尊敬的經營之神，也是最富有的人，有一次他視察他一手創辦的明志工專，某位學生就高喊一聲說：「我好希望成為王永慶喔，他是最有錢的人耶！」

王永慶先生聽到了，就對著這位學生說：「我聽見了！你很羨慕我的財富嗎？那我和你商量一件事，你現在十七歲，我七十歲，我們來交換一下好不好？你來當我這個董事長，我來當你這個學生，你願意嗎？」

這個學生愣了一下，說：「我不要，我才不要這麼老呢！」

你認為王永慶真的想交換嗎？能交換得成嗎？我能體會他的想法，甚麼最可貴呢？他一定認為是青春啊，一寸光陰一寸金，寸金難買寸光陰。

所以，我非常珍惜年輕的光陰，在青春時期就勇於拋棄穩定的生活，而來追求夢想。如今看來，一點都沒錯，我的回報是無限大的。各位年輕的朋友們，一定要好好把握青春；較年長的朋友，也一定要趕快抓住青春的尾巴啊！

學著善用零碎時間

卡爾曾經是穆德的鋼琴教師。有一天，他在指導穆德的時候，忽然問他：「你每天練習多少時間鋼琴？」

穆德說：「每天大約三、四個小時。」

卡爾問：「你每一次練習，時間都很長嗎？有沒有個把鐘頭？」

穆德說：「有！我想這樣才好。」

「不，不要這樣！」卡爾說：「你將來長大以後，每天不會有太長時間是空閒的。你可以養成習慣，一有空閒就幾分鐘、幾分鐘地練習。比如在你上學以前，或在午飯以後，或在工作的休息餘暇，五分鐘、五分鐘地去練習。把小的練習時間分散在一天裏面，這樣彈鋼琴就會成了你日常生活中的一部分了。」

當時，十四歲的穆德對卡爾的忠告沒太大的體會，但後來回想起來卻覺得獲益不小。

當穆德上高中的時候，他想從創作中賺一點外快。可是，光是上課、做習題、複習功課等事情，就把他一整天的時間占滿了。在兩年裡，他幾乎一個字也沒寫出來。他的藉口是「沒時間」。後來，他突然想起卡爾先生的話。於是，他決定實踐卡爾的話：只要有五分鐘的空閒，就坐下來寫一兩百字或短短幾行。

後來，他用同樣「積少成多」的方法，創作長篇小說。他發現，儘管學校課業一天比一天繁重，但是每天仍有許多的空檔可以利用。

穆德在考取理想大學的同時，他的鋼琴也通過了九級，而且，發表了十幾萬字的作品。

「沒有時間」永遠是懶人的藉口。從事任何職業的人，只要利用工餘的零星時間，苦心經營興趣所向的園地，都可以採摘成才之果的。

當年我從事「零風險事業」時，為什麼兼職還做得比專職好呢？就是因為有「時間管理」。

我非常重視「時間」管理。以我來說，通常都會排出近期兩個月的行程，例如現在是四月分，而我的工作進度就已經排到六月分了。當我排定了行程，就不讓不相干的事務來擾亂我重要的工作。我同時也會把每個月所要完成的目標一一列出來。要提高時間價值，就必須設定一些「不被俗務打擾」的時刻。只要能節省不必要的時間浪費，就能提升效率。因為「成功學」的概念，就是「管理」要「量化」，例如：我要在多久的時間，作多少的事等等，同時要推估，這樣做會有多大的成功比例。至於列了多少名單、打了幾個電話、可以介紹幾個人、可能有幾個人會爽約……這些都是可以規畫出來的。換句話說，這不僅只「效能」比較好而已，還有「效率」也比較高。

「效率」是時間有效應用，「效能」是把事情做得更完美。「現代管理學之父」彼得．杜拉克就說：「效率是把事情做對；效能是做對的事。」（Efficiency is doing the thing right. Effectiveness is doing the right thing.）可見得人生不只是握有一付好牌，有時候也是把一付壞牌打好！

管理學中，效率 Efficiency：簡單來說，就是把事情做對 (doing the thing right)，使得投入固定的資源而得到更多的產出，也是指以最少的投入，得到最大的產出，效率所強調的是方法。效能 Effectiveness：簡單來說，就是做對的事情 (doing the right thing)，如果決策錯誤導致整個方向錯誤，即使做得再好也沒用，效能所強調的是結果，或是說目標的達成率。

善用簡報，提升說服的效率！

「成功是一種選擇、一種決定、一種承諾，更是一種堅持的過程。」對於世界各地的新客戶，我自己一定是誠實以對。通常我都是直接說我是「零風險事業」，想先請他們辦個會員卡，來試用產品。

基本上，若要讓收入快速增加，一定要發展自己的事業夥伴。除了官方版資料以外，我自己也會定期更新專屬的教戰守則。這裡面都是我整理的心得，包括話術、產品資料、市場健康檢查表等等。

這裡分享一下我們的簡報製作方法：

技巧一：好的開場白引起興趣

製作一份好的簡報，開場簡潔有力最重要。

一九五四年，周恩來參加日內瓦會議，通知工作人員，給與會者放一部《梁山伯與祝英台》的彩色越劇片。工作人員為了使外國人能看懂中國的戲劇，寫了十五頁的說明書呈給周總理審閱。周恩來批評工作人員：「不看對象，對牛彈琴」。

工作人員不服氣地說：「給洋人看這種電影，那才是對牛彈琴呢！」「那就看你怎麼個彈法了，」周恩來說，「你要用十幾頁的說明書去彈，那是亂彈，我給你換個彈法吧，你只要在請柬上寫一句話：「請您欣賞一部彩色歌劇電影，中國的《羅密歐與茱麗葉》就行了。」

電影放映後，觀眾們看得如癡如醉，不時爆發出陣陣掌聲。

技巧二：自問自答事先擬好稿

凡事豫則立，不豫則廢。成功都是留給準備好的人的。所以，事先寫好草稿或完整的內容，非常重要。

簡報內容的撰文，不要平鋪直敘地寫，最好以Q&A的方式，事先「自問自答」，假設閱聽人會問某些問題，我們就事先想好答案。如能這樣做，就可以吸引簡報的閱聽對象。如此一來，萬一被詢問時，才不必多想，即可解答。

據傳物理學大師愛因斯坦在發表「相對論」之後，因內容深奧，全球僅有十二個人能了解這項學問，故而愛因斯坦必須四處演講，來讓各地學者專家了解「相對論」。一位負責接送愛因斯坦的司機在聆聽大師多次演講之後，將愛因斯坦的演講內容記了十之八九。有一天正巧遇上愛因斯坦感冒，咽喉發炎。該名司機便毛遂自薦地表示，願意代替大師上台演講。愛因斯坦素來幽默，又想演講當地的學者群中，沒有人認識大師，便同意了司機的請求。

一場演講下來，耳濡目染已久的司機果然盡得大師的精髓，博得全場熱烈的喝采。正當他想鞠躬下台之際，司儀卻突然宣佈，由於相對論深奧難懂，歡迎在場學者提出問題。司機愣在當場，面對一個又一個連自己也聽不懂的問題，又如何能作答？他臨時靈機一動，開口道：「你們問的這些問題太過簡單，由我的司機來回答即可。」說罷，便將台下的大師請了上去，回答完畢後，又是眾人歎為觀止的喝采。

類似如此的應變得宜，固然是愛因斯坦這個「天才」才能想得出來。而我們一般人雖沒有如此的功力，但如果是事先用一問一答的方式，也許也可以想出如此精妙的回答。

技巧三：正反兩方面理由並陳

在我們進行簡報前的擬稿，一定要把自己的優點和缺點都想清楚，「敵我雙方」的優劣勢都考慮明白，同時對Q&A的內容，也要思考破解之道，否則很可能在播放簡報時敗下陣來。以下這個笑話，可為一例：

「爸爸，為什麼人家的房子那麼大，而我們的房子卻這麼小？」

「因為人家有錢、爸爸沒錢嘛！」

「那我們怎樣可以拿到大房子？」

「所以，你就要好好讀書，將來才能賺大錢，買大的房子啊！」

「那你小時候為什麼不好好讀書？」

技巧四：注意閱聽人想要什麼

好的簡報，不要自說自話，最好弄清楚閱聽對象的需求，才能「對症下藥」。例如保健食品的簡介，如果不是他們想要的，就不會吸引注意。

著名的心理學家馬斯洛把人類的需求區分為五個層次，依次為：生理的需求（飢餓、性慾等基本需求）、安全的需求（免於恐懼、工作保障等）、社會的需求（親情、愛情、友情）、自尊的需求（受他人的認可與尊敬）、自我實現的需求（立功、立德、立言）。

如果把這五項需求與「為何而工作」相互對照的話，「為生活而工作者」滿足了生理與安全的需求；「為工作而工作者」滿足了社會與自尊的需求；「為理想而工作者」滿足了自我實現的需求。

技巧五：要籠罩全場兼容並蓄

簡報前的擬稿，要懂得兼容並蓄。有一個故事說：

一個老太太有兩個女兒，大女兒嫁給一個賣雨傘的，二女婿則靠賣草帽為生。一到晴天，老太太就唉聲嘆氣，說：「大女婿的雨傘不好賣，大女兒的日子不好過了。」可一到雨天，她又想起了二女兒：「又沒有人買草帽了。」所以，無論晴天還是雨天，老太太總是不開心。

一位鄰居覺得好笑，便對老太太說：「下雨天你想想大女兒的傘好賣了，晴天你就去想二女兒的草帽生意不錯，這樣想，你就天天高興了嗎？」老太太聽了鄰居的話，天天臉上都有了笑容。

換句話說，避免在作簡報時成為爭辯的場所。如果在場的人有人喜歡土司，有人喜歡蛋，那你最好強調三明治。

技巧六：語調放慢講大聲一點

進行簡報時，聲調和語氣，是非常重要的一環。咬字清楚，被信任度就會提高；同時，聲音由於透過麥克風難免不清楚，且有時間差，最好放慢語調。不要慢得讓人昏昏欲睡，但要比一般講話速度慢半拍。因為當人家準備聽的時候，你已經講完了。如果對方問起，你還得重說一遍，那就失敗了。

我們在表達、與人溝通的過程中，會不自覺地同時送出四種語言給對方：

第一是，說話語言，就是語文訊息。

第二是，情緒語言，表現在臉部神情及說話語氣上。

第三是，肢體語言，包括四肢展現的動作等。

第四是，潛在語言，就是態度語言。

要與人進行有意義的訊息互通，絕不是單單只傳送說話語文，還包括了情緒、肢體及態度等語言，後三者可以說是影響溝通的主要因素。而溝通的障礙，往往都出在情緒和態度上，我們的情緒、態度，自己通常感受不到，反而是接受訊息的對方會較為敏感，所以很容易造成雙方溝通上的盲點。

一般人總以為不會說話的人就不擅長溝通，這是錯誤的概念。不擅言辭絕不等同不善於溝通，因為語文因素在溝通中所占的比重不到百分之十，所以我常常說，不要再說自己不善於溝通，其實每個人都善於溝通，只是沒有好好瞭解、學習溝通技巧罷了。

我們夫妻倆都沒有加入任何扶輪社、獅子會、青商會等有名的任何社團，也沒有參加任何高爾夫的協會。這是最特別的事。曾經我的鄰居某一位董事長要幫我推薦加入扶輪社，我也委婉地推辭了：「董事長，很感謝你。不過，我真的不太適合參加社團。」

我是個天生性情比較孤僻的人，我想這和從小的成長背景有關，我喜歡獨處，也不會覺得無聊，大家都應該認識很多業務高手、行銷專家，一定會覺得他們天生就是吃這行飯的。我現在是團隊行銷的成功領袖了，我到一個新的市場去，我問他們猜猜看我以前做甚麼的？大多數人猜老師、保險業，上班族，我覺得很好，有進步，因為以前別人都猜我是軍人！因為不苟言笑的，看起來很嚴肅，有點讓人敬而遠之！我太太的朋友甚至用言談無趣boring來形容我！但這都沒有影響我在事業上成就的決心，或是阻礙我成功的動力！我認為最重要是熱情，其實，直到現在，我的個性並沒有改變，出發點很重要，助人的出發點，與人為善，相逢自是有緣，用「專業力」來彌補！既然個性嚴肅，那相對的專業力可信任度呢？是否會提高呢？其實物以類聚，並非所有人都是喜歡同一種人或討厭同一類人，我們自有喜歡我的族群啦！

不過，如果你真的很好奇，我們既然都沒參加任何方便多認識一些人的活動，事業是如何建立廣大的營銷網呢？我可以透露一點「秘辛」。那可分為兩部分來說，第一部分就是：我們在生活上很隨緣，在任何場合也很會「廣結善緣」。另一部分，就是我認為培育將才比開拓下級事業夥伴更重要。

我們為什麼很樂於結善緣呢？曾經有一個統計說，當一個人給人的感覺很好時，他會向七個人說；而當一個人給人的感覺很不好時，他卻會向十七個人說。這個比數是七比十七。可見形象的建立非常重要。近三年來，我們在「臉書」、「微博」、「微信」就比較勤於耕耘。目前我的粉絲頁已經有四千多人了。

很多人都對我的快速晉升，非常好奇，常常問我有什麼領導統御的秘訣。

想要找適合自己的方法，不如先找適合自己的公司。找到適合自己的公司，才便於發展市場。否則萬一你做到半途，覺得不適合自己，那麼你也很難對你所發展出來的事業夥伴給予交代。其實，經營這個事業，要自我充實才能增添領導魅力，學習改變讓自己更優秀。

當年，還是一個大學生的拿破崙．希爾在採訪鋼鐵大王安德魯．卡內基的時候，卡內基一見到他，就覺得他極有成功學的慧根，於是就明白地點出：人的一輩子，其實都是用「試誤法」（嘗試錯誤的方法）去摸索和累積知識，一旦當人發展到了智慧的顛峰時，死亡之神偏偏就降臨在他身上了，可以說所有累積的智慧、財富，頃刻之間都同時進了墳墓。這是非常可惜的事！

美國著名勵志作家吉格．金克拉說：「記住，快樂不取決於你的身分或你擁有什麼；它只取決在你怎麼想。」美國著名勵志演說家萊斯．布朗也說：「完美並不存在，但你總是可以做得更好，並在過程中有所成長。」

一向自恃勇氣過人、孔武有力的子路，有天和老師孔子談起有關「天資與學習之間，何者重要？」的問題。

子路認為一個人的成就，天資的優劣佔絕對的重要性。他舉南山的綠竹為例，認為綠竹天生堅韌異常，只要將它斜劈，產生尖銳的鋒口，加上綠竹的韌力，便可輕易刺穿敵人的身體。

子路的意思是說，天資夠就可以了，並不需要學習。

孔子微笑地點點頭，認同子路的觀點，但他同時強調，固然綠竹有良好的天賦，但若是能將砍下的綠竹加以修整，削成箭枝，並在後端加上使之穩定的飾羽，配合硬弓強弦，則可使綠竹在百步之外，穿透厚革盔甲，擁有更大的破壞力。接著，孔子笑問子路，由此兩者之間的差異看來，天資與學習，何者更為重要？

孔子的意思，當然是指學習更重要了！如何利用學習來解決問題呢？有以下三步驟

解決難題三步驟

1. 從「大量閱讀」著手

一個人的改變，應從學習開始，同時，最好從大量閱讀著手。旅美國際知名學者余英時教授曾說，他在年輕時就養成一個習慣：「每天要上床睡覺之前，都要靜下心來反省一下；今天即將過去，我有沒有學到新的東西？工作上、學識上是否有學到新概念、新知識？」

答案是「有」，則他就會很安心地上床睡覺；假如答案是「沒有」，則他就一定要走到書房去找一本書，任何書都可以，認真地讀它個半小時，確定自己已經學到一些新東西之後，才願意上床睡覺。

讀得快，可以快速累積閱讀量，得到成就感。第一步，不妨先以「看完書後要講給另一人聽」為目標，因為要把書的內容講給別人聽，自己必須確實了解，讀的時候就會專注，學會抓重點。關於這一點，我自己在求學時期也有把讀過的知識默寫一遍的習慣。

其次，讀實用類書籍時，可以從目錄開始看，大概知道每個章節在寫什麼。日本著名的教育學者齋藤孝建議，論述類的書可以直接從第三、四章看起。他的意思應該就是直接從內文看起，甚至倒著讀，從結論開始看，快速了解該書重點。這就和「新聞報導」一樣，好的「新聞寫作」一開始就必須先把結論寫出來，讓讀者立刻知道結局，然後再鋪陳「前因後果」或「來龍去脈」。

2. 把複雜的變成簡單的

無法把複雜的事情簡單化，表示還不能「融會貫通」，也就是學藝未精、掌握了解都只是皮毛未曾透徹。只要能學習得滾瓜爛熟，必有心得，也必能去蕪存菁、淘汰不必要的多餘，成為簡單的重點。高手就是這樣練出來的。

簡單的事情重複做，雖然很枯燥乏味，卻是平凡中見不平凡的可貴之處。長年累月不厭其煩、精益求精重複仔細做，每個細節一絲不苟、絕不鬆懈、絕不出錯，就能功力爐火純青。複雜的事情簡單做，你就是專家；簡單的事情重複做，你就是行家；重複的事情用心做，你就是贏家。

理解，是書上的字成為知識的開端。誦讀，可以幫你提升理解力。當你念出聲來，那些字眼組合的意義，就容易更明白。

以閱讀英文作品為例，不管發音準確與否，光聽一個人念英文文章的腔調和斷句，就可以知道他是不是真的理解這篇文章，還是只是單純地發出聲音。把文章唸熟了，複雜的文法也就變簡單的了！

3. 隨時想著「怎麼用」

有一個笑話，表達的是：學生表面上說「懂」，其實骨子裡很可能完全不懂。既然不懂，那當然更談不上如何應用了。

老師：「教完之後，問你們懂不懂，大家都說『懂、懂』，為什麼考試都不會呢？」

學生：「老師，我們當時是懵懵『懂懂』。」

讀書可以分為兩種，一種是「讀開心的」，可以充分享受書中的那段時光；另一種是讀來應用的，可以成為「工作武器」的。帶著應用的心態讀書，是迅速升級我們能力的關鍵。

例如，想改善職場人際關係的人，看到書裡的某句話、某個人物的處事風格，就可以聯想自己能不能也照著做做看。

「閱讀真正重要的，是讓我們從閱讀中得到觸動，從閱讀中思考。」讀書的時候，不要只是看過、讀完，重點是要理解和應用，體會學到知識的樂趣。「學以致用」才是學習真正的目的。

創造高效團隊——先承認自己會犯錯

一個人是否活得成功，關鍵不在他的「力量」，而在他的「雅量」！

艾森豪將軍曾有個參謀，經常與他意見相左、看法迥異。

有一天，這位參謀決定請辭。艾森豪問他：「為什麼突然要走呢？」

參謀老實地回答：「我和你常意見衝突，你大概不喜歡我，與其等著被你開除，還不如我另謀出路算了。」

艾森豪聽後很驚訝，說：「你怎麼會有這種想法？如果我有個跟我意見一模一樣的參謀，那麼我們兩人當中，不就有一個人是多出來了的嗎？這有什麼意義呢？」

最後，艾森豪把參謀給勸留下來。

就是這樣的雅量，艾森豪將軍才成為艾森豪這樣的偉人！他身邊永遠充滿著能出謀畫策、集思廣益的好部屬，進而使他成為美國史上最成功的將領之一。

另外有一個故事說：

從前有兩戶人家緊鄰而居。東家的人和樂相處，其樂融融；西家的人經常爭吵，雞犬不寧。

有一天，西家的人來問東家的人說：

「你們一家人為什麼能夠和睦相處、從不爭吵呢？」

東家的人回答：「因為我們一家都認為自己是做錯事的壞人，所以總能互相忍耐，相安無事；而你們一家人都認為自己是好人，到最後就一定會大打出手、爭論不休。」

西家的人問：「聽起來有點意思，你能不能說得清楚一點？」

東家的人說：「如果家中有一個茶杯被打破了，在你們家都自以為是好人的情況下，打破杯子的人不肯認錯，還理直氣壯地大罵：『是誰把茶杯亂擺在這裏？』而擺杯子的人也不甘示弱地反駁：『是我擺的，但你為什麼不小心把它打破了？』兩個人彼此不認錯、不肯退讓、僵持不下，當然會吵架了。可是，相反的，在我們家中，如果誰不小心打破了茶杯，就會抱歉地說：『對不起，是我疏忽，打破了杯子。』而放杯子的人聽到了，也會回答：『這不能全怪你，是我沒把杯子放好，才會讓人不小心碰到。』彼此都把罪過往自己身上攬，趕快承認自己的過失，互相禮讓。這樣一來，怎麼還吵得起來呢？」

能夠將心比心，就是一種尊重。在現代的法治社會，凡事並非可以用拳頭解決的。對強者尊重，是本能；對弱者尊重，則是文明。能尊重他人也就是自重。

滿足不當的要求，會拖跨團隊的效率

那時，卡內基問拿破崙．希爾，願不願意花二十年的時間，來從事成功學的研究及整理？拿破崙．希爾立刻答應了。據說卡內基當時手裡就握著馬錶。後來卡內基就告訴他：「如果你超過一分鐘沒有做決定，我就覺得你無法勝任這樣的工作，也無法達成這樣的使命！」他又告訴拿破崙．希爾：「除了你訪問時的差旅費和必要的費用，由我來負擔之外，其他謀生的錢，還是要靠你自己的本事去賺。」

而拿破崙．希爾馬上就回問卡內基：「您要我用二十年的時間來作這麼龐大的工作，你又如此富有，何不連我的生活費一起給我，讓我心無旁騖、毫無後顧之憂地專心工作呢？」

卡內基回答說：「如果我用金錢去幫助一個人，很可能毀掉這個人。這個人必須透過自我奮鬥才能發展才智，贏得成功！」

這是一個非常傳奇的真實故事。拿破崙．希爾後來當真上路了，把成功的企業家、文學家、科學家等等在個人事業上的卓越成就，一個個問出所以成功的「元素」有哪些。後來，他把這五百零四位成功人物的哲學思想，歸納出來之後，才驚覺有十七個「元素」是大家共同擁有的。其中第二個元素就是「成功，就是達成你的目標！其餘都是這句話的註解。」也就是說，大部分成功人士都有個「明確的目標」；能夠成功，也正是由於能達成目標。居共同元素第一名且是全部成功人士都有的，就是他們都「積極思考」，相信自己可以完成任務！這句名言是：

「凡是人心所能想像並且相信的，終必能夠實現。」

這句話的神奇力量，使得當時「不可能辦到」的福特八汽缸引擎汽車辦到了；使得沒有受過正規教育的愛迪生發明了電燈；也使得美國「不可能辦到」的登陸月球夢想達成了。

至於我個人的成功歷程，也是如此。剛進入「零風險事業」領域的時候，當時我還是一個新手，什麼都不會，那怎麼辦呢？我就是「學習」拿破崙．希爾書中所說的要「渴望」。根據他的說法，「渴望」是一切成就的「起點」。

於是，我學習「渴望」，同時也渴望「學習」。我遍讀所有成功學的名著，包括許多有聲書，我都買來聽。除了整套的拿破崙．希爾的書之外，像吉拉．金克拉、博恩．崔西、安東尼．羅賓等等名家的書，我都讀過了。我非常相信「吸引力法則」。根據「吸引力法則」的說法，我們的思想一向具有磁性，並且有著某種頻率；當你積極思考時，那些思想就會傳送到宇宙中，然後吸引所有相同頻率的同類事物。

人之所以會成功，不在能知，而在能行。以減肥、瘦身的目標來說，根據一個著名健身中心的統計，許多會員在新年新希望時信誓旦旦，而在一月分加入俱樂部，並預繳一年會費之後，到了第二個月，竟有三成的人連一次都沒到；到了年底，四成的人再也沒有出現過。這就表示行動力不夠！

沒游過泳的人站在水邊，沒跳過傘的人站在機艙門口，都是越想越害怕。其實，治療恐懼的辦法就是行動。做起來就不知道害怕了。要改變一個人的惰性和習慣，必須要有夠強的動機。那就是你必須相信自己並不懶。

當你確定目標以後，必須不斷去想像你已經擁有它的美好。因為你的力量繫於你的思想，唯有時刻感受這個美好，你的大腦頻率才會放在正確的事物，指揮全身朝這方向前進，並因美好的感覺，產生源源不絕的行動力。

常常有人問我：您覺得什麼樣的人比較適合從事「零風險事業」？還是人人都適合做這樣的事業？

關於這一點，以我為例，原本我也自以為是很不適合的，但是今天已經證明我能做得很好了。難道我們的性格和人格特質，都是天生的嗎？我看是未必！我認為是從小到大原生家庭的養成教育更重要。一個人的交友狀態，尤其是他的父母、親友的影響力更容易塑造出來。尤其到我們這樣的職場來，我認為每個人都可以經營這個事業，但是他一定要來學習工作上的技能。籃球大帝麥可．喬登說過：「就算是麥可．喬登，也需要一位好教練。」我們沒有要改變任何人。但是既然認同這個事業，我們就希望他（她）能像身上裝了按鈕的「鹹蛋超人」一樣，隨時可以一按按鈕變身為超厲害的人物。

後來我上過神經語言學（NLP）的課程，這種課程主要目的是學員能更有效及正確地運用NLP的技巧，將所學的靈活地應用於生活及工作中。讓我們能夠自我提升，增強個人的感染力！更可以幫助其他人！上過課之後，我就發現我們的頭腦都有潛意識，可以產生自我改變的能力，並且透過諸如自我暗示、自我激力的方法，快速去除負面情緒、清除不良習慣；增強自信，增加「正能量」，建立和達成理想目標，發揮更大的潛能。

我有一位非常木訥、寡言的合夥人，我是在他二十九歲時認識的。當他決定要透過「零風險事業」改變人生時，一直有缺乏人脈、列不出朋友名單的問題，所以卡在低階瓶頸、難以晉升長達二年，但他一點也不放棄，並努力改變自己。他說：既然不能成為獵人，那就當個獵物吧！他強迫自己在各種場合出現，結果有很多業務高手來遊說他去做業務，最後反而被他策反過來經營「零風險事業」。現在他已是執行總監五了。他的座右銘就是：「只要你能真正看懂要的是什麼，就會打從心底願意改變自己！」

事實上，我們每一個人都想要成功，而成功的機會在我們只要做完成功該做的事，就能成功了。所謂「成功是留給做好準備的人。」正是這個意思。例如以我們的「零風險事業」來說，首先第一個動作就是列名單，然後把名單變成顧客，讓顧客得到很大的滿意，再從顧客中找到經營者。這樣能一步步地建立和達成理想目標，就會達到「成功在望」的甜果。這是每一個人都做得到的，而且它不需要投資，也沒有風險。

基本上，在有團隊的地方，最容易發生糾紛的是下級對上級的要求過多。最怕的是老是要求上級幫這個幫那個、甚至向上級借錢、把上級當送貨員等等。最令人想到一個「史記」裡的故事：

西漢司馬遷《史記．滑稽列傳》裡寫道，齊威王八年，楚國發兵攻打齊國。

威王派淳于髡出使趙國，到趙國去借兵增援。威王讓他帶一百斤黃金、十輛馬車前去，作為送給趙國的禮物。

淳于髡仰天大笑，笑到連帽子上的緞帶都斷了。

威王問：「先生是嫌禮物太少嗎？」

淳于髡回答說：「豈敢，豈敢！」

威王又問：「那先生為什麼發笑？」

淳于髡這才說：

「今天我從東邊來，看見路邊有個向田神祈禱的人。他手拿一隻豬蹄子、一杯酒，祈禱說：『但願田神保祐，使我五穀滿倉、豬牛滿圈、金銀滿箱、兒孫滿堂！』我想到他拿的東西那麼少，所要求的卻那麼多，便忍不住笑了起來。」

威王聽了他的話，覺得很慚愧，便加給他黃金兩千斤，白玉十對，馬車一百輛。

淳于髡辭別威王啟程，到趙國借得精兵十萬，戰車一千輛。楚國聽到消息，連夜便撤兵回去了。

這個故事並不曲折，但是其中卻擁有一個「妙喻」。

反觀現代社會，「拿的東西那麼少，所要求的卻那麼多」的情形相當普遍，不肯付出努力、希望一步登天的人，到處都是；願意刻苦力學、勤於投資自己的人反而少了。

從往昔到今天，人心不古，但惟一相同的卻是：大家都期望成功。成功的祕訣是什麼？顯然不是一句話說得完的，不過，視野格局要大、付出要多，才會有大成就。這是千古不易的道理。正是所謂「土地要大，才會有大收成」；空想不勞而獲，是會因小失大的。

對於事業的合夥人來說，上級如果過分滿足下級不當的要求，容易養成依賴，也沒辦法讓他（她）培養出獨立作戰的精神。

第八部曲

夢想放眼天下，目標設定踏實

文化差異反而擴展視野

國際事業的開拓，是我的強項。雖然同樣是「零風險事業」，但同樣的公司、同樣的產品，在全球各地拓展，卻有不同的優勢。例如我們的產品到了大陸，因為內地部分地區的資源較為缺乏，而我們的優質產品到此，就擁有相當的優勢。到馬來西亞，我們也具有一些優勢！至於新加坡，它是一個國際化的城市，法國的、英國的、德國的、美國的品牌紛至沓來，一堆產品充斥，在那兒開拓市場，我們就必須強調「性價比」。就是說，不僅比品質，也要比價格。不過，由於新加坡居民的生活較現代化、消費能力也強，這也是它的優點。

有一次和一位朋友聊，他這個馬來西亞人批評新加坡人「什麼都要爭得你死我活，什麼都要「贏」」。他說，新加坡人其實是「怕輸」。

所以，後來我碰到新加坡的熟朋友就輕鬆地說：「聽說你們的民族性是『怕輸』？」對方笑著說：「我們新加坡人不是『怕輸』，而是『不能輸』！一輸，沒地方逃，就只能到海底去了。我們是立足新加坡，關注全世界！」

每一個地方的文化不同，和其環境也有關係。好比馬來西亞每天都是大太陽，氣溫高達攝氏三十度。這個國家的民族性就是很悠閒的、很輕鬆的。和他們做生意，是急不來的。而新加坡則是地狹人多，生活很緊張的，却也擁有很高的品質。

至於大陸的優點是幅員廣大，近年希望成功的人無不力爭上游，不怕苦，也不怕難，衝勁十足。有一次，我問一位事業夥伴：「您從山西到陝西來見我，要多少時間呢？」

對方說：「很近的，搭高鐵五小時就到了！」

還有一位事業夥伴，從內蒙古到北京來見我，竟也說：「很快的！咱們坐火車，一宿（ㄒㄧㄡˇ）就到了！」

這個概念，和我們台灣可是大不相同。睡了一個晚上的火車，才到達目的地，能說是「很近嗎」？所以，每一個地方的風土人情如此相異，千萬不要一竿子打翻所有的人，也不要隨便被不正確的觀念給誤導了。我們在開拓國際市場時，一定要親身體驗，和當地有影響力的人多多接觸，才會知道如何待人和自處。

回顧前半生的旅途，我生於台南，在高雄成長，後來又到台中讀大學、在中科院上班，在新竹讀研究所，到台南的有線電視擔任總經理，可說跑遍了台灣。今後我不只在台灣各地都有事業夥伴要照顧，我的經營觸角甚至擴及兩岸三地及星馬等十四個國家地區。換句話說，國際事業的開拓，已經是逐日擴大，方興未艾！

根據我的觀察，不論古今中外都一樣，很多五十幾歲的人，多半缺乏的是衝勁。但是，也有一些人幹勁十足，這都因人而異、不可一概而論。以我的鄰居賴董來說，他是台灣上市櫃公司的老闆，已經六十八歲，仍然生龍活虎。他在四十多歲時和他一位六十多歲朋友進入大陸市場，現在他這位朋友已經八十多歲了，仍然很活躍。所以，他認為現在的他才六十八歲，應該也還有二十多年可拚！可見每個人的認知和理念、人生觀都有不同，所建構的「未來」自然也有所差異。像台灣知名企業家張忠謀、郭台銘都是很有企圖心的人，都是我學習的對象。

我很喜歡爬山，特別一提的是，爬台灣最高峰玉山的經驗。玉山雖然是台灣第一高峰，但並不是難度最高的山，但因為是最高峰，每年都吸引很多人去挑戰，但難免也傳出一些山難的不幸消息。二〇一〇年我決定去爬玉山，那是一個很特別的經驗和機會，聽說身為台灣人一定要做的三件事，登頂玉山是排在第一名的。但是在這之前，我沒有任何一次登百岳的經驗，一開始也沒有信心，但是我認為我的年紀、體力應該可以挑戰，只要提早練習，應該可以達成的，最重要的是有沒有下決心要去攻頂，必須先做這個決定！當我下了決心以後，就開始上網找資料，網路上有很多資料很有幫助，我先從小的登山步道開始，每周爬二次，後來認識一些山友，他們都有相當豐富的登山經驗，教我如何購買裝備，訓練腳力，以及最重要的一些呼吸、腳步的技巧，還告訴我必須先去練習登合歡山，去確認自己有沒有高山症？所以，原本我們的團隊很擔心我爬玉山會體力不繼，沒想到最後攻頂成功的人裡面，我卻是最遊刃有餘的一個。凡是做好準備，一定會比沒有準備做得更好。從爬了玉山之後，就愛上了爬山，我有了完整的裝備，爬山也成為我最喜歡的運動。

台灣有很多政治家、教育家以及成功人士，都以攀登「玉山」為榮，甚至有些學校還刻意安排玉山攻頂為結業課程。可見得如今登山者已不全然是對體能的自我挑戰，還加入期許前程「登峰造極」的含意。有一年，我攀登了玉山，在攻頂的過程中獲益良多，深深體會「今天不做，明天一定會後悔」這句話，真的是：再難的事，有雄心壯志的人，一定做得到；再簡單的事，沒信心抱負的人，也會輕易放棄。所以「找對的人」或「跟對的人」，並且「選對的公司」或「做對的事」，才能事半功倍。

一八二三年，英國大詩人拜倫突然失去雄心壯志，生活非常無聊、懶散，準備把自己

「捐」給戰爭。那年夏天，他隨軍開赴希臘。途中，他寫信給詩人歌德，向他傾吐苦悶。

那年，拜倫三十五歲，低潮沮喪；而歌德七十五歲，活力十足。一個年輕生命，沒目標，也不想結婚或談戀愛，一心只寄託於戰爭；而另一個高齡的生命卻精力旺盛，準備向年輕女子求婚。

歌德是在拜倫的鼓勵下，向一個十九歲姑娘求婚的，他對這場年齡差距很大的愛情充滿憧憬。

事後得知的拜倫在異地他鄉更是憂傷，頻頻說自己是年輕的老人，而歌德是年老的年輕人。

一年後，拜倫在沒有結果的戰爭中病死；而歌德則和青春女子享受著快樂生活，詩作一篇比一篇華麗與激情萬丈。

只要魅力夠，年齡不是問題。我們以好萊塢的許多紅星來看，很多都是四十歲才發光發熱的。香港電影製作人邵逸夫活了一百零七歲，政治家陳立夫活了一百零二歲，張學良活了一百零一歲，宋美齡活了一百零六歲，虛雲老和尚活了一百二十歲……他們都是在社會舞台上極為活躍的人物。人生一定要精采，才不會白來一遭。

活力，是成功的燃料。創業，也同樣需要雄心壯志和活力。

小地方可以發現新觀點

我第一次出國是在一九九〇年，公費到美國出差，到全世界最大的電器公司奇異公司（GE）開會，當我降落在當時是全球最大的紐約甘迺迪國際機場時，天啊！怎會有這麼大的機場，有各式各樣的人種，第一天住在機場過境旅館，我興奮得睡不著，這對當時才二十八歲的我有很大的啟發，心想世界這麼大，我一定要多看看、多學習、才不枉此生。

我去歐洲、德國、瑞士、法國旅行時，從德國法蘭克福落地，搭乘德國的遊覽車開始三國十天旅程，整個行程的遊覽車司機媽媽是一位五十九歲的老大姊，已經開車三十年了，非常敬業，例如準時、疊放行李有條不紊、臉上堆滿了笑容、開車技術純熟、行車速度穩健。

領隊說，她可是一位大老闆喔！遊覽車是自己的，還是擁有二十多台車的車行老闆，並且事業已經交棒給兒子經營了。我們一直對她非常滿意。到了最後一天，她換班給另一位司機，相同的車型，但是行李卻擺不上去，因為新的司機疊行李的方式一點都不專業，竟然導致好幾個行李必須扛上車子。這讓我有些感觸，一樣都是德國人，也不是每個德國人做事都那麼專業的，難怪那位大姊可以成為老闆娘。

在另一次歐洲旅遊的時候，我也認識一位導遊。他比我大一歲，雖然年紀不小，但是精力旺盛，丹田有力，在從事導遊工作時非常專業。他在遊覽車上跟大家介紹歐洲的歷史、地理，簡直倒背如流，因為實在是鉅細靡遺，原本我還以為他是看書念稿子呢！我最欣賞的是，他渾身散發熱情，既專業又有豐富的帶團經驗，充分表達出熱愛工作的態度，這一點非常不簡單。

他給我們的反思是，一般人都會「做一行、怨一行」，難怪不快樂，也難怪沒有好成績！我看到很多做事拖拖拉拉的人，其實應該靜下心來先把重要的事做好。游刃有餘是一種好的做事態度，從容優雅，將會更見品質。「卓越是一種習慣，做甚麼要像甚麼！」不管你目前身處什麼位置、從事什麼工作，一定都有值得學習的地方，可能是培養你的體力、意志力；可能培養你與人相處的能力；也可能讓你明白，你不適合從事這樣的工作。

嘗試做一些新的、未體驗過的新事物，不要讓自己閒下來。新的興趣同時也是新的知識，不但能讓自己的心能常保青春，對身邊的人也都會有好的影響，學著去當新事物的開拓者，帶領身邊的人們，不管是家人還是朋友亦或是下屬，一起追求新的事物，一起成長。

我在一九八一年就讀大學時，就很喜歡閱讀財經相關的書籍，到圖書館閱讀最新一期的「天下雜誌」是最興奮的事情，我喜歡看成功者奮鬥的過程，以及他們分享成功的經驗。印象最深刻的，就是當時政府正積極培植半導體工業，而當時工業的搖籃就是「工業技術研究院」，當時由政府培植衍生出來的「聯華電子」公司，已經成為台灣頂尖的企業，而當時自工研院轉任過去的幾位創辦元老後來都成為台灣工業界的大老，當然也都是億萬富豪了。所謂「萬丈高樓平地起，英雄不論出身低」，「每個大人物都經歷過小角色」。

吸收新知、趕上時代潮流，一直是我們活在這個不斷進步的社會中的要務。而旅遊更可以增廣見聞。

我們家每年大概有三個月的時間是在國外旅遊。一來，透過旅遊增進親子關係，培養小孩獨立性格、增廣見聞；二來，旅遊也是我提昇自己最有效的方式，所謂「行萬里路，勝讀萬卷書」一點都沒錯。我在每次的旅行，除了放鬆，也在觀察學習，從交通、建築、人文地理、生活習慣、民生必需，每次都讓自己增長知識充電滿滿，不僅豐富了知識，也能跟上時代。

記得二〇一〇年我去美國鹽湖城旅遊，當時我的兒子才四歲大。他跟媽媽在鹽湖城購物中心逛街，逛到蘋果電腦專賣店時，第一次入內參觀，店內擺設 iphone 及 ipad 讓顧客自由體驗，才三十分鐘的時間，兒子見到我的第一句話就是：「爸爸，這個電腦你一定要買，這個很好玩，你只要手指頭動一動就會了」，我感受到這個產品的威力，與行銷手法的厲害，驚覺一定會替代掉一些傳統筆電的市場。

回台灣後，智慧型手機開始流行，「手機概念」的股票大漲，整個電子商品的供應鏈，也起了極大的變化。我趕快賣出長期持有的「筆電概念股」，果然幸運地躲過了股災。

二〇一〇年，我到青島出差。在當地最大、也是中國最大的百貨商場購物時，我發覺偌大的商場裡，人潮並不洶湧。我逛了一逛，找不到我要買給小朋友的禮物，而且地方太大，逛起來還真的挺累人的。我的助理告訴我，現在大家都上網買東西了，網路上面什麼都買得到，網購生意搭配上快捷便利的包郵宅配。此外，購物者從下單日起，都可以隨時追蹤自己採購的貨物目前的運送狀況，諸如「是否已經運送到家？」或是「被物業管理員給簽收了」等等，都可以查得到流程和進度。真是既省錢、又省時間！更有趣的，就連「送便當到家」的費用，都可以直接用「微信」支付了；路邊小吃攤也可以直接「微信」支付；用手機掃描店家的條碼，就可以直接把錢轉過去，真是便利。

在本書結束前夕，我們願意以過來人的經驗，獻給有志創業的朋友。十八年我們致力於「零風險事業」，從未考慮改行。這裡有三項經營心得要分享給你們：

目標不斷提高，分段完成

不斷設定更高的目標，並且分段完成，就會離目標愈來愈近。

有一位保有多項世界記錄的馬拉松選手，當他在分享如何擁有傲人的成績時，他說比賽前他會先去勘查路線，選定幾個明顯的地標把它們記下來，第一站可能是棟大樓、第二站是座橋樑、第三站是個湖泊，起跑後，他奮力地朝第一站跑去，此時心中只有第一站的影像，內心完全不想別的事。

當他到達第一站後，會再以一樣的速度全力跑向第二站，他就是把一個大目標分成幾個小目標後全力衝刺完成，就這樣贏得一次又一次的冠軍。

曾經，我們挑戰企業總監、首席總監的目標時，在還沒出發前，看起來就有如馬拉松一樣的遙不可及，但是這個目標可以透過累積，分段努力完成。二〇〇五年我們參加美國年會時，看到年會的主題「The Next Twenty Years！」就有相同的感動，我們深知公司已經進入第二個二〇年，已經規劃好下一個階段的目標，只要我們持續專注努力，絕對能和公司一起成功，並且帶領夥伴一起邁向格局更大的未來。

站在第一線，持續行動

站在第一線，持續不斷行動，就能讓目標逐漸實現。我們佈局全臺灣，放眼全球──從臺北到北京、上海、廣州、深圳，以及新加坡、馬來西亞等各地的海外市場，我們一則親自了解各市場的不同問題及屬性，以利教育夥伴；二則以身作則不斷開發新市場，壯大團隊、放大格局。

我經營的「零風險事業」在攻頂階段，美國的副總裁到台灣來，鼓勵我全力以赴，等我登頂的那一天，他要在美國為我慶賀。我就鼓起勇氣，告訴他，當我上企業總監在美國年會表揚的時候，我要以英語在大會上演講！副總裁欣然接受。這是我為自己設下的大目標，主要的目的是要晉升到最高級別，若能代表台灣市場在美國接受全球夥伴的慶賀，那豈不是最大的光榮？設下這個目標之後，我就開始撰寫在美國的演講稿，幻想在美國用英語演講的精采狀況，覺得很受到激勵，有時候，連做夢都在大聲講英語，吵醒太太！果然，我在幾個月後，比原定計畫提早達標，在於二〇〇六年在美國鹽湖城，對著來自全球的事業代表發表演說。

做事全力以赴、絕不分心

大家都知道，我們一直投注全副心力在「零風險事業」裡，我挑戰執行總監時的座右銘是：

「晚上十一點以前，車頭不往家的方向開！」其實，我認為這是應該做的事！這跟我們夫妻以前分別擔任航發中心研發主管或經濟部漢翔航空新聞組組長相比，實在輕鬆太多了。

大家應該都聽過臺灣之光王建民的故事，他說他每次上場比賽只投一百多球，跟平時練投的球數比起來，實在少太多了，上場主投時其實是最輕鬆的，因為只有在練投了幾萬個球之後，才能在關鍵時刻投出致勝的幾個好球。正如演說家都是「台上十分鐘，台下十年功」一樣，我們十八年多來經營「零風險事業」，就像王建民那樣一直都很專注地全力以赴，從未分心過，更從未改業過。這是今天能夠「財富自由」、「自在生活」的主因。

做對四件事，成功就不遠了

有人問我：創業的過程，您覺得是個人的刻苦努力最重要，還是有貴人的扶持、團隊的幫助更重要？我覺得馬雲說的很有道理。他強調有四件事要做對，就比較容易成功：

第一件事：找對平臺

找對平台的意思，就等於是「釣魚要找有魚的池子」、「投稿要寄往稿費高的媒體園地」。

台灣天仁茗茶創辦人李瑞河在二十七歲時，為了選擇第一家店的地點，曾經傷透了腦筋。

當時，有人建議他在臺南市開業，但臺南市已經有許多茶行，競爭激烈；也有人建議他到臺南縣的佳里鎮或麻豆鎮開業，理由是這一帶尚無茶莊、沒有競爭的對手，比較容易切入。

那時李瑞河年紀輕、見識少，一時之間猶豫不決，不知如何是好。

有一天，他又到佳里、麻豆一帶去作市場調查，黃昏時回到臺南市。跑了一天，他覺得很累，正好路過天仁兒童樂園，於是走入園內休息；他想到開業地點尚未決定，內心很煩。

這時，他看到了一個奇怪的現象。在兒童樂園的旁邊，有大小不同的兩個釣魚池。小魚池熱鬧非凡，擠滿了人；而大魚池冷冷清清，只有兩三個人。

經過打探的結果，李瑞河才知道，原來是：小池魚多，不斷有人釣到魚；大池魚少，沒人釣到魚，所以大家都拚命往小池擠。

就在那一瞬間，他想通了。大池就好比佳里與麻豆，雖然沒有競爭對手，但喝茶人口稀少，所以會「釣」不到顧客；小池則好比臺南市，雖然有許多競爭對手，但喝茶人口眾多，所以還是能「釣」到顧客。

李瑞河於是就找對了做生意的「平台」。

另外，我再講一個笑話：

小明是個喜歡寫作的小孩，因為聽人家說寫文章投稿可以賺錢，便寫了篇文章，寫好後，小明不知道要寄到哪裡，便去問爸爸。

他爸爸想了想，便說：「哪兒錢多就往哪兒寄吧！」

小明聽完後便拿了一個信封，把文章裝進去，再封好口，貼上郵票，然後在信封上整整齊齊的寫著：「台灣銀行收。」

小明顯然找錯了平台。那麼，你說，他可能成功嗎？

第二件事：交對朋友

所謂「物以類聚，人以群分」，我們的一生中，讀好書，交高人，乃兩大幸事。一個人身分的高低，是由他周遭朋友決定的。朋友越多，意味著你的價值越高，對你的事業幫助也越大。因為在這世上，要麼影響別人，要麼被人影響，當您還是處在社會底層的時候，受人影響，非常重要也十分必要，關鍵是您受到誰的影響？你跟怎麼樣的人交朋友，確實很重要。這將決定您的一生！

最真誠的朋友，會經常在一起，規畫未來的人生旅途；

最珍貴的朋友，會永遠伸援手，提升彼此的生活境界；

最難得的朋友，會從天涯海角，前來譜寫友誼的篇章；

最有緣的朋友，會相互打打氣，幫你解決所有的問題！

有時候，你是誰並不重要，重要的是你和誰在一起。古有「孟母三遷」，足以說明和誰在一起的確很重要。我國古代的「紅頂商人」胡雪巖資助失意者王有齡，把他捧成了封疆大吏，最後自己也成了杭州城的首富，擁有「紅頂商人」的美名；呂不韋押寶子楚，拿出千金財富為他去秦國遊說，把他捧成了秦莊襄王，自己也成了丞相，受封為文信侯，擁有河南洛陽十萬戶的食邑。最後更成為秦始皇的相國，被尊為「仲父」。家有奴僕萬人。可見得交對朋友，將是一大助力。

人生也有三大幸運：上學時遇到好老師，工作時遇到好師傅，成家時遇到好伴侶。有時他們一個甜美的笑容，一句溫馨的問候，就能使你的人生與眾不同，光彩照人；生活中最不幸的是：

由於你身邊缺乏積極進取的人，缺少遠見卓識的人，使你的人生變得平平庸庸，黯然失色。在現實生活中，你和誰在一起的確很重要，甚至能改變你的成長軌跡，決定你的人生成敗。和什麼樣的人在一起，就會有什麼樣的人生。和勤奮的人在一起，你不會懶惰；和積極的人在一起，你不會消沉。

「跟著蒼蠅，找到廁所；跟著蜜蜂，找到花朵。」跟對人，真的很重要。大家一定聽過，失敗的人都習慣說「早知道」這三個字，而成功的人都喜歡說「好家在」，這就是不同的心態。一個習慣找藉口的人，他在口頭上一定也是習慣講藉口的，所以當然會將「早知道」掛在嘴上，相反的，一個態度好的人，知道成功不容易，知道努力是必須的，但是不一定會成功，同時他也懂得感恩，因此他當然比較容易成功，而且成功之後會說「好家在」。接近有正能量的人、遠離負面的人，對自己比較有益。

第三件事：跟對貴人

如果你想像雄鷹一樣翱翔天空，那你就要和群鷹一起飛翔，而不要與燕雀為伍；如果你想像野狼一樣馳騁大地，那就要和野狼群一起奔跑，而不能與鹿羊同行；正所謂「畫眉麻雀不同嗓，金雞烏鴉不同窩。」這也許就是潛移默化的力量和耳濡目染的作用。

如果你想聰明，就和聰明的人在一起，才會更加睿智；如果你想優秀，就和優秀的人在一起，才會出類拔萃。

成功的路上需要四種人：名師指路，貴人相助，親人支持，小人刺激。跟對貴人很重要。至於貴人是用什麼方式出現呢？並不一定。大凡我們的身邊有願意無條件力挺你的人、願意嘮叨提醒你的人、願意和你分擔苦惱、分享快樂的人、肯教導及提拔你的人、懂得欣賞你的長處或優點的人、願成為你好榜樣的人、願意遵守承諾的人、願意不放棄而相信你的人……都是值得跟從的貴人。

胡適在北京大學曾擔任過招生委員，有一次在閱卷時，發現一名考生作文寫得令他讚嘆不已而打了一百分，決定錄取這樣的人才。當時的校長蔡元培與其他委員也都沒有異議，但後來大家查看這名考生的其他考科，結果發現他數學零分，其他科目成績平平。

北大究竟是北大，依舊錄取了這位名為羅家倫的學生，他以後果然表現非凡，成為北大的校長，也是推動中國現代化的功臣。羅家倫考取北大的故事，說明當時學校擁有非常開放的招生管道，人人沒有私心，只要發現了人才，就可以特別的方式來保舉。今天先進國家的名校也是如此，招生時擁有非常大的彈性空間。在教育上，尊重個別差異的重要性，胡適與羅家倫在過去創立了非常美好的前例。羅家倫等於碰上了貴人了。數學零分的他，如果不是胡適這個貴人，後來哪有機會成為北大的校長？

古代三國時期，劉備與諸葛亮，也是伯樂與千里馬的一種組合。劉備知道諸葛亮是個大才，便不顧關羽、張飛的不滿與反對，三顧茅蘆，以赤誠的心和懇切的態度，請諸葛亮出山；諸葛亮十分感謝劉備的知遇之恩，因而全心全意地為劉備戰略目標的實現效命。諸葛亮協助劉備在成都建立了蜀漢政權，自己也當了丞相。

古今中外，跟對了貴人，對自己的事業有極大的助益，這幾乎沒有例外。

第四件事：選擇比努力更重要

選擇的結果，關係著一切事物的成敗。我們願意做個怎麼樣的人、會得到什麼樣的結果，追本溯源仍決定在一個「選擇」。

假設人人都希望成功，而有人真的成功了，那也多半由於選擇了一條正確的路；有人雖然非常努力，卻因方法不對，老是陷在歧途，摸不到門路。

選擇，是需要智慧的。

舉例來說，我們常認為「先下手為強」，「不要輸在起跑點」等等，是個鐵則。但是，如果選擇精確、做法夠帥，也會「後來居上」、「贏在終點」的。就看你怎麼選擇。

謀略家鬼谷子有一次對徒弟孫臏、龐涓說：「今天你們比賽吃饅頭，誰能吃到較多饅頭，就算誰贏！」

他規定，每次最多只能拿兩個，吃完了才准再拿。

師父一掀開蒸籠蓋子，比賽便開始進行了。

龐涓搶先抓起兩個饅頭大吃起來。

孫臏失了先手，可是，他冷靜地看了一下籠內，還剩三個饅頭。他做了一個和龐涓完全不同的選擇——只先拿了一個吃起來。

龐涓暗笑孫臏是輸定了。

可是，當龐涓吃到只剩半個饅頭時，孫臏的那個饅頭已吃完了，接著，立刻抓起僅剩的兩個饅頭慢慢吃起來。

結果，龐涓總共只吃了兩個饅頭，而孫臏卻吃了三個。最後的贏家是孫臏！

想想看，如果當初孫臏選擇的，也是抓起兩個饅頭來吃，會「贏在終點」嗎？可見，選擇多麼需要智慧。

通往羅馬的路，永遠不只一條。在現今多元化的社會，任何事物的答案都不只一個。正如下圍棋或象棋，可以選擇的棋路很多，由於不同的抉擇，就帶來更大更複雜的棋局變化。不到最後，誰也不能蓋棺論定說「你的選擇錯了！」

除了這四件事之外，創業的過程，口才是否決勝的要件？我覺得，口才並非在創業過程中的決勝關鍵。好比幽默的語言表達，有些人敢講，有些人能講，但畢竟天生有口才能力的人是屬於少數的。雖然，口才有時也是成功的因素之一，例如與人接洽、溝通，乃至展現一個人的領導魅力，口才也確實能發揮作用。所以，我們仍然要正視這個問題，甚至是一個必須學習、精進的課程之一。

曾經有一份報導說，八十位空姐的貼身觀察，描繪出頭等艙與商務艙成功人士的樣貌，有人書不離手、有人勤做筆記，閱報必讀《經濟日報》與《工商時報》……靜謐的空間，人人專注於自己的事情上。想要距離頭等艙更進一步，你一定要模仿與學習他們默默在做的事。宋代文學家歐陽修的「三上」讀書時機，只是其中馬上、枕上、廁上的「馬上」，現在可以改成「機上」。這三個時機雖然是零碎的時間，卻是最不受打擾的時段，所以很多成功人士絕佳的點子，都會在這樣的時間點迸發出來。我出國坐飛機，也是坐商務艙的，印證我的觀察也是一樣的結果。可見得成功人士（直接接收財富的富二代就不一定了）所以能說善道或幽默風趣，也多半是見多識廣、飽讀各種資訊或趣味小故事等等，才慢慢歷練出口才來的。可見得人的資質原本都是差不多，只看我們有沒有專注在做一些與「成功」有關的事情。有時候，成功的關鍵就是要「拒絕誘惑、遠離享受」。

人生的每一個階段，都充滿著各式各樣的誘惑，而且，在每一個年齡層都有特別難以抵擋的誘惑。中世紀文學家但丁用一個在山上旅遊的人來作比喻，非常的深刻。他說：有一個人在爬山時遇到一隻狼，很兇猛的狼。這隻狼代表的是年輕時期，需要面對的是肉體情慾、性方面的誘惑。當他爬到山腰時又遇到一隻老虎。這老虎代表的是中年時期，渴慕地位、名聲、成就和成功的誘惑。爬到山頂遇到一隻公獅子。獅子代表的是老年時要面對的是金錢財富、經濟安定的誘惑。但丁要表達的意思是：一個人不管我們的年齡是幾歲，無論我們的心靈成長到什麼地步，我們在生命中總要面對誘惑，這是無法避免的。確實如此，我們一生當中都會面對不同的誘惑。其次，要遠離享受，也就是要趁早離開「舒適圈」。離開舒適圈，投入勇氣圈，應該是我們創業的第一步

當機會來臨的時候，我們一定要全力以赴，我們可以判斷一下，以這項「零風險事業」來說，既然不必大筆資金投資，那就可以做了，離開舒適圈，勇於投入，便是珍惜機會的心態。當然，能不能看懂這樣的機會、相不相信這是個好的機會？一旦認同了，就得「拒絕誘惑、遠離享受」，

專注地做這樣的事業，然後離成功就不遠了。

渴望、勇敢、熱情、堅忍

一個人要成功，當然也可以分析出一些特質。嚴格說起來，有些人確實並不適合創業（除非願意改變自己的特質），因為他缺乏企圖心。成功至少必須具備以下四個特質：

一、渴望

適合創業的人，一定會有「一定要」的渴求之心，那就像火車的燃料一樣，是動力的來源；不適合創業的人，通常太「懶」，沒有渴望成功的素質，怎麼會有成功的機會呢？渴望，才能想盡辦法去奮力求成。

如果讓水發出飽和蒸氣的力，必先把水燒到攝氏二百十二度的溫度。二百度不成，二百十度也不能辦到。水在壓力下一定要沸騰，才能發出蒸氣，才能轉動機器，才能推動水車。「溫熱」的水是仍然不足以推動任何東西的。

許多人都是想用溫熱的水，或將未沸騰的水，去推動他們生命的火車；而同時卻還詫異著，為什麼在事業上自己總是不盡人意。

一個人態度的冷熱，和他對事業成就所能產生的影響，是相等的。

有些青年人很想在事業上發憤上進，但為了細故，往往會於一夕之間，拋掉事業，而去遷就環境。他們常常妄自懷疑，現在的事業究竟與本身的性情是否適合。他們一遇挫折，就要灰心；一聽到別人在其他事業上得到成功，就要生出羨慕，而想朝那方向去試試。

假使一個青年對自己從事的事業態度遊移，則可斷定，他還沒有懷著一個中心意志，他的事業總還與他的天性不盡適合。否則，他的事業應當與他的中心意志相符，與他的天性相合，而他的事業就是他生命中的一部分，無法分離。

一位年輕人拜訪賢人求教智慧。

「年輕人啊，請隨我一起來。」賢人這麼說著，默默地向附近的湖走去。走到湖邊，賢人毫不猶豫地跨進湖裏，向湖的深處走去；年輕人無奈，只好跟隨在賢人後面。

湖漸漸深起來，水浸沒到年輕人的脖子，可是賢人毫不介意年輕人那恐怖的目光，走得更遠了。水終於浸沒了年輕人的頭頂。不久，賢人又默默地轉回身，回到湖岸邊。

上岸後，這位賢人用揶揄的口吻問年輕人：「潛入水下時，你有何感覺？除了想上岸之外，還考慮別的事嗎？」

年輕人立即答道：「我悶得要命，一心一意只想得到空氣。」

賢人慢慢地說：「對了！就是這種感覺！你要想求得智慧，就要像沉入水下時急於得到空氣一樣強烈，才能獲得啊！」

二、勇敢

勇敢，才能面對各種挫折；勇氣，有時代表著膽識。

摩根大學畢業後，來到鄧肯商行任職。摩根特有的素質與生活的磨鍊，使他在鄧肯商行幹得非常出色。但他的過人的膽識與冒險的精神，卻常常使總裁鄧肯心驚肉跳。

一次，在摩根從巴黎到紐約的商業旅行途中，一個陌生人敲開了他的艙門：「聽說您是專搞商品批發的，是嗎？」「有什麼事嗎？」摩根感覺到對方急切的心情。

「啊！先生，我有求於您，有一船咖啡需要馬上處理掉。這些咖啡原是一個咖啡商的，現在他破產了，無法償還我的運費，便把這船咖啡作抵押，可我不懂這方面業務，您是否能夠買下這船咖啡，相當便宜，只是別人價格的一半。」摩根盯著來人，問道：「你很著急嗎？」「確實很急，要不然這樣的咖啡怎麼這麼便宜。」

對方說著，同時拿出咖啡的樣品。

摩根瞥了一眼樣品說道：「我買下了。」

他的同伴見摩根這樣輕率就買下了一船咖啡，禁不住在一旁提醒他：「摩根先生，你太年輕了，誰能保證這一船咖啡的品質都是與樣品一樣呢？」

「不必擔心，我這次一定會交上好運的，我們應該快點買下，以免這批咖啡落入他人之手。」摩根對自己充滿了信心。當鄧肯聽到這個消息，不禁嚇出一身冷汗。憤怒地大罵：

「你這個笨蛋，拿鄧肯公司開玩笑嗎？快去把交易給我退掉，損失你自己來賠！」

面對粗暴的鄧肯，摩根決心賭一賭。他寫信給父親，請求他支持自己。在父親的資助下，摩根還了鄧肯公司的咖啡款項，並在那個請求摩根買下咖啡的人介紹下，摩根又買下了許多船咖啡。

在摩根買下這批咖啡不久，巴西咖啡遭到霜災，大幅度減產，咖啡價格上漲二、三倍。最後，摩根因勇於承接這幾批咖啡而旗開得勝了。這時，鄧肯不得不佩服摩根的眼光。摩根終於與鄧肯公司分道揚鑣，並在父親的幫助下，他在華爾街獨創了一家商行。由此可見，幹大事不但要有遠見，而且還要有一定的勇氣，因為遠見和勇氣是成就大事的先決定條件。

三、有熱情

有一則鑽石的故事，足以表達缺乏熱忱就無法成大事的含義。

一位已退休的大企業家，一生最大的願望就是擁有一顆「夢幻之鑽」，可惜找遍全世界，就是沒找到心目中的夢幻之鑽。有一天，他終於來到一個以產鑽聞名的小鎮，其中有一家老廠已有五十幾年的歷史，廠裏有數千名員工，在小鎮上很有名。為了歡迎這位退休的大企業家，該廠也派出銷售第一名的高級業務代表接待。

守候在玻璃窗外的記者們，都只看到這位業務代表滔滔不絕地報告著，希望打動買主的心。然而經過了四分鐘時，就看到這位退休企業家打哈欠、不耐煩的表情流露在臉上，到了第五分鐘，他站起來說：「對不起，這顆鑽石不是我所想要的夢幻之鑽。」

就在錯愕之中，這家老廠的董事長走出來向這位退休企業家說：「剛才實在很抱歉，我的業務代表漏掉了一些，可否再給我兩分鐘補充？」這位退休企業家熬不過老董事長的央求，再度進入了接待室。

大家看到這位老董事長慢條斯理的介紹這顆鑽石，時間一秒一秒的過去，到一分半鐘時，看到這位退休企業家眼神發亮，面帶微笑。到了兩分鐘時，站起來與這位董事長握手成交了。

事後，所有的新聞記者都追問這位董事長用什麼祕訣說服買主？

董事長說：「我高薪聘請的這位業務代表的確不凡，但他只『了解產品』，而我卻『熱愛產品』，因為這只『夢幻之鑽』是我一手督促完成的，從採礦到設計加工，我花費無數精力，將它視同己出，因此我在介紹產品時，充滿了光和熱力，講出來的感受就完全不同。」

四、有堅忍不拔的精神。

想要邁向成功的人，一定要具有鱷魚「咬住不放」、「堅忍不拔」的精神。我們都知道，牠的牙齒非常鋒利，同時有一個特性，就是：只要被牠的牙齒咬住，就絕不輕易鬆口。

鱷魚咬住不放的習性，可以給我們重大的啟示，因為世界上成功的人，都是在選定一個目標之後，咬住不放，全力以赴。假如我們胸懷大志，勤奮努力，但稍遇挫折就氣餒了，那絕對不會成功，因為我們欠缺了鱷魚「咬住不放」的堅持。

十七世紀初，非洲南部亦即現在的南非共和國，有人發掘了堅硬昂貴的鑽石礦，那時非洲南部尚是一片荒蕪之地，被野蠻的土著及凶猛的野獸霸佔著。在這樣惡劣的環境下，鑽石的誘惑使得數以千計的歐洲人，湧入了非洲南部一個名叫「慶伯利」的小鎮。日夜不斷瘋狂的挖掘工作持續著，日復一日、月復一月、年復一年，絕大多數的人連鑽石礦是怎麼樣的一件東西都沒見過，就喪生在這無垠的荒山野地裡。

許多人滿懷希望而來，卻在滿腹心酸之下踏上歸途，就在大家紛紛離去之時，有一位年輕力壯、姓「戴比菲斯」的青年，他苦勸一起來挖寶的同伴們留下，他相信不久就可以挖到他們夢寐以求的鑽石礦。大家都笑他痴人說夢，因為所有的人都已經失望絕頂、毫不留戀的收拾起行囊走了。

當同伴們的腳步還沒有踏上自己國家的土地時，那位執著堅持留下來繼續挖掘、姓「戴比菲斯」的年輕人，已經挖到他望眼欲穿的鑽石礦了，這時離他最後一批同伴打道回府的日子，不到一星期。假如那些人能再堅持一個星期的話，現在鑽石家族就不只是戴比菲斯一家了。

毅力，是一種恆心。你所遇到的任何苦難，都將是你成長過程中的寶貴資源。

我們都看過《西遊記》，唐僧經過重重磨難後來終於取到真經，如果他每一次遇到困難就產生消極的心態，恐怕早就半途而廢了。

以上四種特質，不一定是天生的，有時它是一種能力，是可以培養的。任何人都可以啟動它。因為我認為：成功是一種主動、刻意安排的結果。

台灣廣廈國際出版集團
Taiwan Mansion International Group

國家圖書館出版品預行編目資料

你在怕什麼？想一千次不如勇敢一次：由經國號戰機受獎工程師到創建十四國行銷平台，陳世榮告訴你勇敢追夢的法則 /陳世榮口述、曾小歌整理 -- 初版. -- 新北市：財經傳訊, 2017.4
面； 公分. --（sense；19）
ISBN 978-986-130-349-9（平裝）
1.成功法 2.職場工作術
496.5 105024616

財經傳訊
TIME & MONEY

你在怕什麼？想一千次不如勇敢一次：

由經國號戰機受獎工程師到創建十四國行銷平台，陳世榮告訴你勇敢追夢的法則

作　　者／陳世榮口述
曾小歌整理
編輯中心／第五編輯室
編 輯 長／方宗廉
封面設計／比比司設計工作室
製版・印刷・裝訂／東豪・弼聖・秉成

發 行 人／江媛珍
法律顧問／第一國際法律事務所 余淑杏律師・北辰著作權事務所 蕭雄淋律師
出　　版／台灣廣廈有聲圖書有限公司
地址：新北市235中和區中山路二段359巷7號2樓
電話：（886）2-2225-5777・傳真：（886）2-2225-8052

行企研發中心總監／陳冠蒨
國際版權組／王淳蕙・孫瑛
公關行銷組／楊麗雯
綜合業務組／莊勻青
地址：新北市235中和區中和路378巷5號2樓
電話：（886）2-2922-8181・傳真：（886）2-2929-5132

全球總經銷／知遠文化事業有限公司
地址：新北市222深坑區北深路三段155巷25號5樓
電話：（886）2-2664-8800・傳真：（886）2-2664-8801
網址：www.booknews.com.tw（博訊書網）
郵 政 劃 撥／劃撥帳號：18836722
劃撥戶名：知遠文化事業有限公司（※單次購書金額未達500元，請另付60元郵資。）

■出版日期：2017年4月
ISBN：978-986-130-349-9